元素の周期表と結晶構造

族	1	2	3	4	5	6	7	8	9	10	11	12	13	14	15	16	17	18
1	1 H 水素 hcp																	2 He ヘリウム hcp
2	3 Li リチウム bcc	4 Be ベリリウム hcp											5 B ホウ素 rhomb.	6 C 炭素 diamond	7 N 窒素 cubic	8 O 酸素 complex	9 F フッ素 complex	10 Ne ネオン fcc
3	11 Na ナトリウム bcc	12 Mg マグネシウム hcp											13 Al アルミニウム fcc	14 Si ケイ素 diamond	15 P リン complex	16 S 硫黄 complex	17 Cl 塩素 complex	18 Ar アルゴン fcc
4	19 K カリウム bcc	20 Ca カルシウム fcc	21 Sc スカンジウム hcp	22 Ti チタン hcp	23 V バナジウム bcc	24 Cr クロム bcc	25 Mn マンガン cubic	26 Fe 鉄 bcc	27 Co コバルト hcp	28 Ni ニッケル fcc	29 Cu 銅 fcc	30 Zn 亜鉛 hcp	31 Ga ガリウム complex	32 Ge ゲルマニウム diamond	33 As ヒ素 rhomb.	34 Se セレン hex.	35 Br 臭素 complex	36 Kr クリプトン fcc
5	37 Rb ルビジウム bcc	38 Sr ストロンチウム fcc	39 Y イットリウム hcp	40 Zr ジルコニウム hcp	41 Nb ニオブ bcc	42 Mo モリブデン bcc	43 Tc テクネチウム hcp	44 Ru ルテニウム hcp	45 Rh ロジウム fcc	46 Pd パラジウム fcc	47 Ag 銀 fcc	48 Cd カドミウム hcp	49 In インジウム tetr.	50 Sn スズ diamond	51 Sb アンチモン rhomb.	52 Te テルル hex.	53 I ヨウ素 complex	54 Xe キセノン fcc
6	55 Cs セシウム bcc	56 Ba バリウム bcc	57~71 ランタノイド元素	72 Hf ハフニウム hcp	73 Ta タンタル bcc	74 W タングステン bcc	75 Re レニウム hcp	76 Os オスミウム hcp	77 Ir イリジウム fcc	78 Pt 白金 fcc	79 Au 金 fcc	80 Hg 水銀 rhomb.	81 Tl タリウム hcp	82 Pb 鉛 fcc	83 Bi ビスマス rhomb.	84 Po ポロニウム sc	85 At アスタチン	86 Rn ラドン
7			89~103 アクチノイド元素	104 Rf ラザホージウム	105 Db ドブニウム	106 Sg シーボーギウム	108 Bh ボーリウム	108 Hs ハッシウム	109 Mt マイトネリウム	110 Ds ダームスタチウム	111 Rg レントゲニウム	112 Cn コペルニシウム	113 Nh ニホニウム	114 Fl フレロビウム	115 Mc モスコビウム	116 Lv リバモリウム	117 Ts テネシン	118 Og オガネソン

57 La ランタン hex.	58 Ce セリウム fcc	59 Pr プラセオジム hex.	60 Nd ネオジム hex.	61 Pm プロメチウム complex	62 Sm サマリウム complex	63 Eu ユウロピウム bcc	64 Gd ガドリニウム hcp	65 Tb テルビウム hcp	66 Dy ジスプロシウム hcp	67 Ho ホルミウム hcp	68 Er エルビウム hcp	69 Tm ツリウム hcp	70 Yb イッテルビウム fcc	71 Lu ルテチウム hcp
89 Ac アクチニウム fcc	90 Th トリウム fcc	91 Pa プロトアクチニウム tetr.	92 U ウラン complex	93 Np ネプツニウム complex	94 Pu プルトニウム complex	95 Am アメリシウム hex.	96 Cm キュリウム	97 Bk バークリウム hcp	98 Cf カリホルニウム hcp	99 Es アインスタイニウム hcp	100 Fm フェルミウム hcp	101 Md メンデレビウム hcp	102 No ノーベリウム	103 Lr ローレンシウム hcp

いかにして実験をおこなうか

誤差の扱いから論文作成まで

G. L. Squires

重川秀実
山下理恵
吉村雅満　訳
風間重雄

Practical
Physics 4th Edition

丸善出版

Practical Physics

Fourth Edition

by

G. L. Squires

Copyright © Gordon L. Squires 2001
The original English edition is published by Cambridge University Press in 2001

All rights reserved.
The book is in copyright. Subject to statutory exception and to the provisions of relevant collective licensing agreements, no reproduction of any part may take place without the written permission of Cambridge University Press.

Japanese translation © 2006 by Maruzen Co., Ltd., Tokyo, Japan.

原書について

　実験をする際には心がけなくてはならないことがある．本書は，実験への取組み方を学ぶことを目的とした本である．実験を系統的に扱ったものではないが，実験を行う際には常に目的を見据えて計画を立てることが重要であり，また，測定や解析の正しさをいつも確認しながら実験を行うことがいかに大切であるかなど，実験を通じて研究者として仕事を進めるうえでの基本的な心構えを伝えることを目的としている．

　本書は3部構成になっており，その内容は，(1)データの統計的な取扱い，(2)実験方法，(3)その他の重要なこと(効率的な記録，正確な計算，科学英語の書き方など)である．多くの図が，実例，練習問題とともに用いられ，理解しやすくなるよう工夫されている．また，第4版では，「χ^2 分布の扱い」と「原子時計とその応用」の二つの項目が表計算や練習問題とともに新たに加えられ，例や参考文献などは新しく見直されている．

　本書はおもに学部学生を念頭に書かれたが，実際には物理だけでなく，多くの科学の分野における，大学院生や教師，研究者にとっても，非常に役立つ本として受け入れられている．実際，第3版までに，ドイツ語，オランダ語，スペイン語，ロシア語，ポーランド語，アラビア語に翻訳され，教科書として広く用いられてきた．

　著者 G. L. Squires は，1956年からケンブリッジ大学において物理学の教鞭をとり，トリニティ校のフェローである．熱中性子散乱の分野で活躍し，優れた科学雑誌に多くの論文を発表している．また，著書としては，(1) Introduction to the Theory of Thermal Neutron Scattering (Dover Publications), (2) Problems in Quantum Mechanics (Cambridge University Press), (3) Encyclopaedia Britannica (Quantum mechanics の項目)，などがある．

　1991年に大学を退職してからは，キャベンディッシュ研究所博物館の館長を務めている．

原著者まえがき

　実験をする際に心がけなくてはならないことを身に付け，目的意識をもって，厳しい取組み方を学ぶという方針に変更はないが，より一層役立つ本となるよう，新たな実験方法や，コンピューターの普及に対応した新しい項目をいくつか加えた．

　大幅な変更は7章で，実験手法をいかにうまく選択するかを検討することで，実験者にとって巧みに手法や技術を扱うことがいかに重要であるかについて学べるようになっている．セシウム原子時計や時間標準に関して，時間，周波数測定を扱う節を加え，続いて，原子時計を用いて非常に精密に地球上の位置を定める全地球測位システム (global positioning system : GPS) について述べた．時間測定技術は多くの精巧で巧妙な特徴をもち，様々な場面で応用されることから，初心者には教育上有益であり，上級者にとっても興味深い内容を含んでいる．

　また，付録として χ^2 分布についての内容を加えた．この分布は，物理，生物，医学，社会科学など，幅広い分野で応用される．χ^2 分布の内容や応用についてはすでに学んでいるかもしれないが，本付録のようにあまり公式的すぎない方法で分布を導くことは大切で有用であろう．

　表計算は，今日では非常によく用いられており，例をいくつか紹介した．その他，練習問題を加えたり，例や参考文献，単位の定義などを最新のものに取り替えたりした．

　J. Acton 氏，C. Bergemann 博士，M. F. Collins 教授，D. Kennedy 博士には，新しく取り入れた部分についての有益な議論，コメントを頂いた．また，A. Squires 氏には，同じく有益な議論のほか，図E2bの提供を受けた．これらの方々に，この場を借りて，心より感謝の意を述べたい．

2000年7月

G. L. Squires

目　　次

原書について ……………………………………………………………… i
原著者まえがき …………………………………………………………… iii
目次 ………………………………………………………………………… v

第一部　データの統計的な取扱い

第1章　本書の目的 …………………………………………………… 3
第2章　誤差について ………………………………………………… 7
1　誤差を見積もることの大切さ　7
2　二つの誤差：偶然誤差と系統誤差　9
3　系統誤差について　11

第3章　偶然誤差の取扱い：単一変数の場合 ……………………… 13
1　はじめに　13
2　測定値の集合と平均値　14
3　測定値の分布　15
4　σ と σ_m の推定（実験からどう見積もるか）　23
5　ガウス分布（Gaussian distribution）　27
6　積分関数（Integral function）　29
7　誤差の誤差　31
8　なぜガウス分布なのか？　32
　　記号，術語，重要な公式のまとめ　34
　　練習問題　36
　　ティータイム　計算誤差と有効数字　37

第4章　さらに進んだ誤差の扱い ……………………………………39
1　様々な関数関係をもつ物理量の間の誤差の取扱い　　39
2　最小2乗法　42
3　直線の傾きを簡略に求める方法　49
4　重み付け　50
　　最小2乗法により最良な直線を求める場合の式のまとめ　52
　　練習問題　54

第5章　誤差を扱ううえでの常識・大切なこと ……………………57
1　誤差の計算の実際　57
2　複雑な関数の簡便な取扱い　61
3　誤差と実験　63
　　誤差の扱いのまとめ　65
　　練習問題　66

第二部　実験を行うときに考えること

第6章　実験器具と方法 ………………………………………………71
1　はじめに　71
2　定規　71
3　マイクロメーター　74
4　長さの測定1——方法の選択——　75
5　長さの測定2——温度の影響——　78
6　周波数測定におけるうなり　79
7　負帰還増幅器　81
8　サーボシステム　84
9　原理上の測定限界　87
　　練習問題　90
　　ティータイム　原子観察とサーボシステム　92

目　次　vii

第7章　実験技術の例 …………………………………………………95
1　レイリー屈折計　95
2　抵抗測定　101
3　重力加速度の絶対測定　109
4　周波数と時間の測定　117
5　全地球測位システム（Global Positioning System：GPS）　121
　　練習問題　125
　　ティータイム　ハッブル定数と宇宙の年齢　126

第8章　実験の論理 ……………………………………………………129
1　はじめに　129
2　器具の対称性　129
3　測定の順序　131
4　意図的な変化と意図的でない変化　132
5　ドリフト　133
6　系統的なばらつき　133
7　計算および実験にもとづく修正　136
8　相対測定　139
9　零位法　141
10　なぜ精密測定が必要か？　141

第9章　実験を行うときの常識的なことがら ……………………145
1　予備実験　145
2　「当たり前」の確認　146
3　個人誤差　147
4　測定の繰返し　148
5　結果の分析　150
6　装置の設計　151

第三部　結果の記録と計算処理

第 10 章　実験の記録について …………………………………… 155
1　はじめに　155
2　製本ノートとルースリーフ　155
3　データの記録　156
4　データの複写はさける　157
5　図の活用　158
6　表の活用　160
7　もっとわかりやすく！　161
8　曖昧な表現を避けること　162

第 11 章　グラフ …………………………………………………… 165
1　グラフの使い方　165
2　グラフ用紙の選び方　168
3　目盛り（尺度）　169
4　単位　170
5　グラフの描き方のポイント　170
6　誤差の表示　173
7　感度の高いグラフの描き方　174

第 12 章　計算 ……………………………………………………… 177
1　計算の重要性　177
2　コンピューター　177
3　電卓　178
4　計算ミスを防ぐ　178
5　代数式の確認　182
　　練習問題　184

第13章　科学英語論文の書き方　187

1　はじめに　187
2　タイトル(表題)　187
3　アブストラクト(要約)　188
4　論文の構成を考える　188
5　論文の項目　189
6　図表　193
7　投稿規定　193
8　明瞭・明確であること　193
9　よい英語とは　195
10　最後に　197
　　ティータイム　科学英語を語源にたどると　199

付　録

A　ガウス分布に関連した積分計算　203
B　ガウス分布における偏差 s^2　206
C　直線の傾きと切片の標準誤差　207
D　二項分布とポアソン分布　213
　1　二項分布　213
　2　ポアソン分布　215
E　χ^2 分布 ——適合度検定——　218
　1　はじめに　218
　2　χ^2 分布のばらつき　219
　3　関数 $P_n(\chi^2)$　223
　4　自由度　223
　5　適合度検定　225
　6　実際例　227
　7　コメント　229
F　SI 単位系　231

G　物理定数表 ………………………………………………………235
H　数表 ……………………………………………………………236

問 題 解 答　　239
参 考 図 書　　253
参 考 文 献　　255
訳者あとがき　　257
索引　　259

第一部　データの統計的な取扱い

1 本書の目的

　大学では，理学・工学を問わず，様々な実験が課題となっている．こうした実験実習のもつ意義は，**研究者，技術者として研究・開発に携わる際の基礎を学ぶこと**にある．具体的には，

（a）科学における理論的な考えを実際に観察し体験すること
（b）実験に用いる各種装置に親しむこと
（c）**いかにして実験をおこなうか**を学ぶこと

といったことがあげられるが，いずれも，実験研究を進めていくうえで，基礎となるものである．もちろん，理論的な研究をする場合も，実験がいかになされているかを知ることは，データの信頼性を理解し自らの理論の正しさを確認するために，必要不可欠の課題である．それぞれについて，順を追って考えてみよう．

　何ごともそうであるが，頭の中で考えるだけでなく実際に目の前で見ることは，何よりも物事を理解する助けになる．たとえば，光の干渉というのは，われわれが実感できる概念ではない．二つの光線が打ち消し合って，暗くなってしまうということは，そう簡単には受け入れられそうにない．したがって，実際に目の前で起こる様子を観察し体験することは，多くの人にとって現象を理解する助けになる．もう一つの理由として，体験することにより，**科学の常識的な数値の大きさを感覚的に身につける**ことができる．光の干渉の縞模様は一般に間隔が非常に狭いが，それは光の波長が日常の物体に比べて非常に小さいことを意味しているのである．しかし一方で，こうした現象の幾何学的な関係や，位相の関係についての詳細を実験だけで理解することは難しく，よく準備された理論的説明に完全に取って代わることはできない．そういう意味では，

最初の項目(a)は，限られた範囲内で有用な効果をもたらす，ということになる．

二つ目の項目(b)はより重要で，装置を実際に使用する経験は非常に有用なものである．ただ，ここで述べる「装置」とは，どんな実験実習でも用いる，オシロスコープやタイマー，熱電対，といった基本的な測定に使用するものに限られている．もし，みなさんが科学の道についたなら，利用する装置の数は非常に多く，どんな実験実習であっても，すべての装置を経験させることは不可能である．したがって，なすべきことは，**一般的な装置の扱い方，また，装置を扱う際の心構えを学ぶこと**であり，これが，三つ目の項目(c)の内容としてもっとも大切なことである．

ここで，「**いかにして実験をおこなうか**」という言葉は，曖昧に聞こえるかもしれないので，少し明確にしてみよう．実験を行う際の心がけとしては，

（a）目的に応じた精密さをもつ実験を計画する
（b）手法や装置から系統誤差を取り除くよう心がける
（c）正しい結論を引き出すよう結果を解析する
（d）最終結果に求められる精度を検討する
（e）測定値や計算を正しく，明確に，そして，簡潔に記録する

といったことが大切になる．これらの内容を見ると，実験課題をこなすことが，「**みなさんを優れた実験家に育てること**」を最大の目的にしていることが理解されるだろう．さらにもう一点，「**科学がいかなるものかを学ぶこと**」ができる．

科学というのは，自然を理解しようとする試みの一部である．つまり，自然のある現象に触れたとき，われわれが考えていることがその現象の本質的な特性なのかどうかを明らかにする試みである．たとえば，ギリシャ人は動いている物体もいずれ止まってしまうという現象を見て，「物体を動かし続けるためには力が必要である」と考えた．一方，ガリレオ(G.Galilei, 1564～1642)やニュートン(I.Newton, 1642～1727)も同じ現象を観察したが，「物体が動きを止めるのは，その現象の本来の特性ではなく摩擦によるもので，摩擦がなければ物体は動き続ける」と結論した．この考えが正しいかどうかを調べるために，摩擦やほかの抵抗力を完全に取り除かなければならないが，それは不可能であ

る．しかし，それらの力を小さくすることはできる．そして，力を小さくするにつれ，物体は遠くまで動くことを観察するだろう．こうした観察により，摩擦がゼロの極限では，ニュートンの第一法則で述べられているように，力が働かない限り運動は不変である，と信じてもおかしくないであろう．

　これが，「科学」である．われわれは，実際の状況の中で，本質的な特性を選び出し，それらを一般化して理論的な体系をつくり上げ，その理論にもとづいて予測をする．そして，その予測が正しいかどうか，実験によって確かめる．しかし，この予測というのは，理想化された単純なモデルにもとづいてつくられており，これを，実際に，乱雑で複雑な自然の中で再現できるような状況に対応してつくり出すのは，通常は非常に困難なことである．

　講義の中で，みなさんはいろいろな課題についての理論を学ぶが，その体系は，その理論から見て本質とされる特性をもとにして表されている．したがって，もし，それが講義で学ぶ唯一の内容である場合，その理論が世界の一部としてではなく，世界すべてを形づくっているかのように思うかもしれない．さらに，理論がとても自然で平易な形でつくられていると，その創造の過程において，天才的な発想や，並外れた努力がなされたことを見落としてしまうかもしれない．こうしたことを防ぐもっとも有効な手段は，実際に研究室に出かけていって，**現実の世界がいかに複雑であるかを体験する**ことである．

　実験を通して科学を学ぼうとするならば，みなさんはまず，ある理論が正しいかどうかを調べる障害を取り除き，測定したいものだけを測定しなければならない．それで初めて，本質を理解することができる．しかし，何よりも大切なことは，**科学を全体として深く理解する**ことであり，また，**実験と理論がどのように関連付けられているかを知る**ことである．これこそが，実験を学ぶ際の一番重要なポイントである．

2 誤差について

【本章のキーワード】
真の値　誤差とは何か？　偶然誤差と系統誤差

2.1 誤差を見積もることの大切さ

　みなさんは，紐の長さや，車の速さ，溶液の温度，といった（物理）量を測定したとき，**得られた値がどこまで正しいか**を考えたことがあるだろうか？　じつは，これから学んでいくように測定には必ず不確かさ（誤差）が伴うため，実験で得られる値は「真の値」に一致するわけではない．一方，われわれは，後で述べるように，測定した数値を様々な用途に利用する．したがって，**得られた結果が，どのくらい真の値に近いのか**といった，「測定の精度や信頼性を表すことができる何らかの指標」を定めることがとても重要になってくる．

　誤差を見積もることは，非常に大切である．**誤差を知ることなくして，実験結果から「意味のある」結論を導くことはできない．**たとえば，金属線の抵抗に温度が与える効果を調べることを目的として実験を行い，抵抗の値が，10 ℃において 200.025 Ω，20 ℃において 200.034 Ω と求められたとする．まず，この二つの測定値の差（0.009 Ω）に意味があるかどうかは，測定の誤差がどの程度なのかを知るまではわからない．もし，これらの抵抗値が 0.001 Ω の精度で測定されたのなら，この差にはきちんとした意味があるが，精度が 0.01 Ω であれば，両者の差は誤差の中に含まれてしまい，意味をもたないことになる．

　次に，何度か測定を繰り返した結果，抵抗値が

$$200.025 \pm 0.001 \ \Omega \tag{2.1}$$

という形で示されたとしよう．このとき，±0.001 はどういう意味をもつのだろうか？　この表示法は，抵抗値が，200.024 Ω から 200.026 Ω の範囲にかな

りの確からしさで含まれていることを意味しているだけであって，測定した値が（一つの定まった値として）確実に±0.001Ωで示された範囲の中にある，ということではない．つまり，2.1式は，確率的な記述になっており，**測定という過程が本質的に確率的な意味合いをもつ**ということにほかならない．これら，誤差の解析については，3章で詳しく学ぶ．

さて，こうして得られた実験結果は，世の中に発表されると，発表者の手を離れて公のものとなり，一人歩きを始める．その「データ」の利用は様々である．たとえば，技術者が回路の設計のため銅の抵抗値を利用するように，実用的な目的に使うこともあれば，物理学者が，同じ銅の抵抗値を金属の電子理論の検証に用いるかもしれない．実験結果がどのような目的に使われるにしても，**重要なのは，そのデータ（数値）が目的に足る正確さ（精度）をもつかどうか**である．つまり，ある結論を引き出す際に用いたデータがどれだけ信頼できるのかが問われることになる．こうした要求に応えるためにも，**誤差を正しく評価すること**は非常に重要であり，実験者が常に責任をもって果たさなければならない義務である．

通常，実験結果から目的とする結論を引き出すために誤差の評価を行うが，実際は，実験の目的によって，誤差の範囲が定まり，それにより，実験方法もおのずと決まってくることになる．したがって，実験を行う場合，常に，自分の結果がどのように使われるのかを考えておくことが必要になるが，たとえば，もし理論を検証するのが目的なら，理論予想値との比較のため，**実験結果にどのくらいの精度が求められるかを正しく理解**しておくことが大切である．

ところで，実験から得られる結果は精密であればあるほどよい，と思うかもしれないが，これは非現実的である．人生は有限であるし，実験者の資質も有限である．天才でもない限り，実験に割ける労力や苦労の我慢にも限界がある．したがって，大切なのは**実験の最終的な目的に応じた精度をもつ結果が得られるよう，実験を計画し実行する**，ということである．

先に出てきた金属線の抵抗値の例を考えてみよう．これを，温度範囲10℃から20℃において基準となる標準抵抗値として用い，10^{-4}（1万分の1，つまり，0.01Ωの位）の精度が求められるとする．このとき，測定値が0.05Ωの誤差をもつのでは，目的の役には立たない．しかし，誤差を0.001Ω（10^{-5}の

精度)まで抑えようと努力するのは時間のむだであり，0.010 Ω の誤差で結果を得られる実験を行うのがちょうどよいことになる．

　一般に，実験の対象となる現象は複雑に要素が絡み合っており，最終的に必要な値を直接測定できることはほとんどない．そうした場合，個々の要素の実験値を求め，その測定結果を組み合わせて，目的とする「物理量」を得ることになる．この場合，**個々の測定結果の誤差が，最終値の誤差に影響を及ぼす**ことになる．したがって，最終的な実験結果として，目的にかなった精度が得られるように，それぞれの要素の測定精度を考慮しなくてはならない．

　たとえば，立方体の構造をもつ材料の密度を知るためには，その質量と体積を求めることになる(質量÷体積)．その際，体積は1辺の長さを測定し，その3乗の形で式に組み込まれるが，質量は1乗の形で寄与するから，各要素の測定値の誤差が，異なる形で最終的な誤差に影響することになる．したがって，最終的な誤差を最小限に抑えるには，最終的な誤差に一番大きな影響を及ぼす誤差の除去に，限られた時間，実験装置，器具，忍耐力を投入することが大切になる．

　以上，見てきたように，実験において誤差の評価を二の次に考えてはいけない．**誤差は，実験目的やその手法，さらには，実験結果をも左右する**のだから．

2.2　二つの誤差：偶然誤差と系統誤差

　誤差には，偶然誤差(random error)と系統誤差(systematic error)の二種類がある．偶然誤差は，実験する際には常に存在するもので，図2.1(a)に示すように，真の値のまわりに，正負同等にばらついて値がふれる誤差である．一方，系統誤差とは，図2.1(b)に示されるように，測定において，真の値から一定のずれた値をもって存在する誤差で*[著者注]，測定値は，系統的に真の値からずれたところに偏り，そのまわりで偶然誤差によりばらつく．

　例として，振り子の(振動)周期をストップウォッチで繰り返し測定することを考えてみよう．ストップウォッチをスタートさせたり，止めたりする動作に

著者注* この定義は，少し厳しすぎる．実際は定数でない場合もあり，より一般的な話は，8章で扱う．

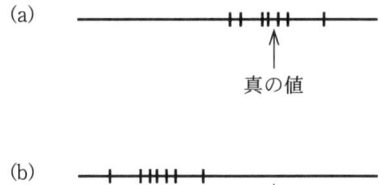
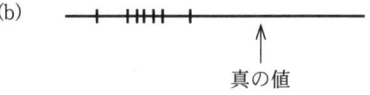

図 2.1 (a)偶然誤差のみの場合，
(b)偶然誤差と系統誤差がある場合，
の測定値のばらつきの様子．

よる誤差や目盛りの読み取りの誤差などは，一連の測定値のばらつきの原因となる．測定結果の中には高すぎる値もあれば，低すぎる値も同等に現れ，これらが図2.1(a)の偶然誤差となる．ところが，もし，ストップウォッチの進み方が遅ければ，毎回の周期の測定値は(たとえば，本当は5秒かかるところが4秒になるように)遅れの大きさに応じて，すべて小さな値の側に偏ってしまう．先の図2.1(b)の説明からわかるように，この系統的な偏りが系統誤差になる．

ただ，ここで注意する必要があるのは，偶然誤差であるか系統誤差であるかは，誤差を生む測定装置や操作などの過程が，**「結果として」偶然の効果を与えるか，系統的な効果を与えるか**，によって決まるということである．すなわち，誤差の原因は，それが本質的に偶然的か系統的かではなく，実験の環境や条件，手法などによってどちらの誤差を生む可能性ももっている．

たとえば，振り子の動きを測定する際，毎回異なるストップウォッチで計るとする．個々のストップウォッチには進むものもあれば遅れるものもあり，それぞれは，先の例で述べたように系統誤差を生む．しかし，それをランダムに用いると，今度は，**ストップウォッチの(本来は系統的な)特性が入り交じることで平均化され，偶然誤差のみを与える**ことになる．

また，ストップウォッチを押してスタート・停止する操作のタイミングを一定にするのは難しく不正確にばらつくことで偶然誤差をもたらす．ところが，もし，遅くスタートさせたり，早く停止させたり，スイッチの押し方に癖がある場合，この効果は，遅れたり進んだりする時計と同様に系統誤差を与えるこ

とになる．この場合，**ストップウォッチを押すという動作から，偶然誤差と系統誤差が一緒に現れる**ことになる．

3章からは，偶然誤差について，評価方法などの詳細を見ていく．そこで，その前に，次節で系統誤差について，もう少し考えておこう．

2.3　系統誤差について

系統誤差が生じるのは，理論での仮定と実験の設定が異なっているにもかかわらず，「ずれ」の考慮が抜け落ちた場合である．こうした原因の一つは，実験条件・環境の見落としからくるもので，(1)先の例で見たように，抵抗を流れる電流を測定する際，温度による抵抗の変化や，異なる金属の接点における熱起電力の影響を考慮することを忘れたり，(2)溶液などの温度を測定する場合に測定系の中のある場所で熱損失が存在したり，(3)粒子計測器のデッドタイム(粒子がたくさんやってくると，個々の粒子を区別して数えられなくなる，装置の原理からくる制限)による数え落とし，などがあげられる．系統誤差を生じるもう一つの原因は，2.2節で述べたストップウォッチの例のように，**不正確な装置の特性に由来**する．

偶然誤差は，測定を繰り返せば値がばらつくため，誤差が存在することはすぐ明らかになる．さらに繰り返し測定を行うことで，代数平均(相加平均：個々の測定値を加え合わせて測定回数で割ったもの)を求めれば，より真の値に近い数値を得ることもできる(詳細は3章)．ところが，この方法は系統誤差には使えない．たとえば，進み方が正しくないストップウォッチを使っている場合を考えるとわかるように，同じ装置で何度測定しても，系統誤差の存在に気づくことはなく，誤差を取り除くことはできない．したがって，実験において，**系統誤差は偶然誤差よりも危険な**(間違った結果に導く可能性をもつ)**誤差**であるといえる．

実験の過程に大きな偶然誤差が含まれる場合，最終的な実験結果にも大きな誤差となって現れるため，測定が不正確であることに気づくのは容易であり，あまり問題ではない(実験者が独り善がりで自分勝手な結論に走り，そのことに誰も気づかなかったら大問題であるが！)．しかし，系統誤差が隠されている場合には，あるのは小さな偶然誤差だけで，**一見信頼できる結果が得られて**

いるように見える場合であっても重大な誤りにつながることがある．一例を，ミリカン(R.A.Millikan, 1868〜1953)の，「油滴の落下を用いて素電荷 e をはかる」という有名な実験で見てみよう．

この実験では，油滴の速度をはかる際，空気の粘性を考慮する必要があるのだが，ミリカンが用いた粘性の値は小さ過ぎたため，得られた素電荷 e の値は，

$$e = (1.591 \pm 0.002) \times 10^{-19} \text{ C}$$

となった．これは，現在の値(Mohr, Taylor, 2000)[†1]，

$$e = (1.60217646 \pm 0.00000006) \times 10^{-19} \text{ C}$$

と比べると，小さな値になっており，用いた空気の粘性値が小さいことによる系統誤差が含まれている．その後，1930 年まで，プランク(M.Planck, 1858〜1947)定数やアボガドロ(A.Avogadro, 1776〜1856)定数などの基本的な物理定数は，このミリカンの値を用いて導かれていたため，0.5％以上の誤差をもつ結果になった．このように，**系統誤差は危険な要素をはらんでいること**と，加えて，**発表した実験結果は広く利用され，ほかの多くの重要な値に対して重大な影響をもつ**ことを肝に銘じておかねばならない．

偶然誤差は，3 章，4 章で詳細を説明するように，統計学的手法により推定することが可能である．一方，系統誤差にはこれといった決め手となる処理方法がない．したがって，**常に注意してそれを見つけ出して取り除くようにしなければならない**．これは，個々の実験手法について深く考えるということであり，常に装置について疑いをもつということにほかならない．

本書の中で，系統誤差の原因となる例をできるだけ取り上げるつもりだが，なんといっても経験を積むことが一番大切である．

3 偶然誤差の取扱い：単一変数の場合

【本章のキーワード】
平均値　ヒストグラムと分布　標準偏差　標準誤差　ガウス分布

3.1　は　じ　め　に

　2章で，測定誤差には二つのタイプ(偶然誤差と系統誤差)が存在することを学んだ．その際，偶然誤差は，系統誤差の有無にかかわらず必ず存在する誤差であるが，統計的な処理により評価が可能であると述べた．本章では，「偶然誤差」をどう取り扱えばよいのかについて詳細を見てみよう．

　ある物理量(たとえば，紐の長さなど)を測定する実験を n 回行い，得られた測定値を $x_1, x_2, \cdots, x_n$ と表すことにする．添字は n 個の測定値を表すために付けた番号である．これらの値は，2章で述べたように「偶然誤差によってばらつく」が，通常われわれは，**平均値** $\bar{x}$ (すべての測定値を加えて，個数で割った値)を求め，真の値と考えている．しかし実際には，よほど運がよくなければ，平均値 $\bar{x}$ は真の値 X に一致することはない．となると，はたして，**平均値がもっとも真の値に近い数値になるという考えは，どの程度正しいのだろうか？**

　一つの例を考えてみよう．図3.1は，同じ物理量を異なる二人の実験者が測定して得られた結果で，それぞれの測定値と平均値 $\bar{x}$ を示したものである．図からわかるように，二人の実験からは異なる平均値が得られる．それでは，どちらが正しいのか？

　図3.1を見ると，(a)は(b)に比べてばらつきの度合いが小さい．こうしたとき，われわれは通常，「平均値 $\bar{x}$ は，(a)のほうが(b)より真の値に近いに違いない」と考える．これは一見，正しそうに思えるが，どうすれば，この考えを定量的に(数値を用いて明確に)評価することができるのだろうか？

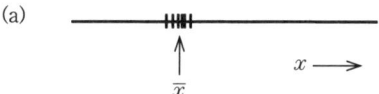

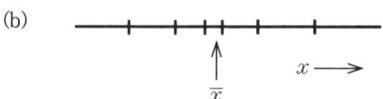

図 3.1 二人の実験者が同じ物理量を求めるために行った測定値のばらつきの様子.

　もし，何らかの方法で，平均値 $\bar{x}$ と真の値との正確な差異を知ることができるなら，真の値 X を得られることになる．しかし，2章でも触れたように，偶然誤差というのは確率的な意味合いをもっており，われわれにできるのは，「真の値 X が，平均値 $\bar{x}$ を中心としたある範囲(誤差)の中に存在する確率」を求めることだけである．したがって，われわれは，二つの実験結果(図3.1)に対して，「**それぞれの平均値 $\bar{x}$ は，真の値 X にどれほど近い値を取ると期待できるか**」という問題を考えることから，「どちらの結果がより正しいと考えてよいか？」という疑問を解決していくことになる．

　次節から，より詳しく見ていこう．ただし，系統誤差はないものとする．

3.2 測定値の集合と平均値

　3.1節で述べたように，物理量を n 回続けて測定した値を

$$x_1, x_2, \cdots, x_n \tag{3.1}$$

と表す．通常の実験では，時間などの制約により，測定回数 n は 5～10 回程度であることが多い．このとき，平均値は次の式で求められる．

$$\bar{x} = \frac{1}{n}\sum x_i \tag{3.2}$$

ここで，記号 $\sum$ は $i=1$ から $i=n$ までの和を表す．以下，本文中に出てくる記号，術語，重要な公式は章末にまとめてある．

　さて，例として，金属線の抵抗の値を 8 回($n=8$)測定する実験を考えよう．表3.1は，測定結果をまとめたもので，平均値は3.2式から 4.625 Ω となる．

表 3.1　抵抗 R の測定値[*訳者注]

R/Ω	R/Ω
4.615	4.613
4.638	4.623
4.597	4.659
4.634	4.623

しかし，図 3.1 で見たように，それだけでは「平均値が真の値にどの程度近いか」はわからない．そこで，**測定値のばらつきの度合いを評価する尺度**を考えることになる．

次節では，まず，この問題を取り扱うために必要となる「分布」という考え方を導入し，議論を進めていく．

3.3　測定値の分布

a.　はじめに

実際の測定は n 回の限られたものであるが，これをとても大きな回数 N 回（たとえば $10\,000\,000$ 回）まで続けたとする．この，**仮想的な非常に大きな回数の測定値の集合を分布(distribution)とよぶ**．これからの議論の基礎となる重要な概念は，「**われわれが実際に n 回の測定を行って得る数値は，この N 回の測定値の分布の中からランダムに n 個の数値を抽出したものと見なせる**」という考えである．

さて，図 3.2 は，表 3.1 の測定結果を**ヒストグラム(histogram)**で表したものである．ヒストグラムとは，横軸に測定値をとって，それをある値の幅（図では ΔR）で等間隔に区切り，各幅の中に含まれる値の頻度（度数）を，各幅ごとに棒の高さとして表示したグラフである．図 3.2 では，測定値が 8 個と少ないために，ヒストグラムはデコボコしている．

ここで，測定回数を非常に大きな値 N まで増やしていくと，横軸の測定値の間隔（ヒストグラムの幅）を非常に細かく区切っても，その中に十分たくさん

訳者注*　本書では，10.6 節で説明しているように表や図の軸の数値を，たとえば，R/Ω と書いて無次元化してある（表 3.1，図 3.2 など）．一般的には，$R[\Omega]$ として [ ] の中に単位を書き示す場合も多い．

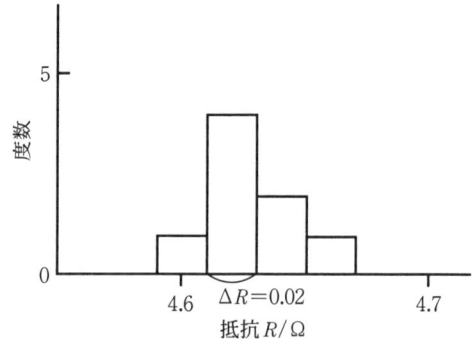

図 3.2 表 3.1 の測定結果のヒストグラム

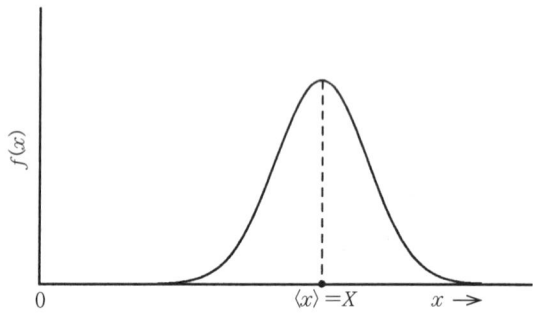

図 3.3 測定値の分布を表す関数の例

の測定値が存在するようになる．したがって，棒グラフの幅を狭くして表示していくことで，グラフは，図 3.3 に見られるようななめらかな曲線に近づいていく．ここでは，ヒストグラムの幅が狭くなっただけで，グラフの縦軸は，最初のヒストグラムと同じく，測定値が x となる回数を表している．そこで，縦軸として，測定値が現れる回数ではなく，それらを全体の測定値の数 N で割った値(**規格化された値**)で示すことを考えよう．これにより，グラフは，x で表される値が，N 回の測定のうち，どのくらいの割合で現れるか(たとえば，1/100 とか，7/100 とか)といった値を表すことになる．こうして，**ある測定値(ある x 軸の値)が，測定値全体の中にどのくらいの割合で含まれているかを示す関数 $f(x)$** が得られるが，これを**分布関数(distribution function)**とよぶ．

たとえば，$f(x_1)$は，測定値がx_1という値を取る**割合**を与える．したがって，x軸の微小な幅を$\mathrm{d}x$と書くと，$f(x_1)$と$\mathrm{d}x$の積$f(x_1)\mathrm{d}x$は，N個の測定値のうち，測定値がx_1から$x_1+\mathrm{d}x$となる範囲に入っている個数の割合を示す．つまり，N個の測定値の分布$f(x)$からランダムに一つの測定値を取り出したとき，**その値がx_1から$x_1+\mathrm{d}x$の範囲内に存在する確率**が得られるのである．

$f(x)$はNで規格化した関数で，確率を表すことからもわかるように，すべてを加え合わせると1になるから，

$$\int_{-\infty}^{\infty} f(x)\,\mathrm{d}x = 1 \tag{3.3}$$

の関係を満たす．

ここで，積分範囲が無限大になっているのを見ると，まだ具体的な関数の形を与えていないため（たとえば，無限大でおかしな振舞いをする関数になる可能性を考えて），いろいろ面倒なことが起きるのではないかと気になるかもしれない．しかし，実際に実験で得られる測定値は，真の値Xに近い値を取るため（そうでないと実験にならない），分布関数$f(x)$は，一般に真の値Xからxが離れるとすぐに非常に小さい値を取る関数となり，何ら心配するような問題は起こさない．それどころか，たとえば，3.5節で扱うガウス分布のような具体的な関数で見られるように，積分範囲が無限大であることは，計算する際，非常に便利であることがわかる．

さて次に，**分布のすべてにわたっての平均**ということを考える．これを，〈 〉という記号で表す．たとえば，「測定値の分布のすべてにわたる平均値」は，この表式を用いると，

$$\langle x \rangle = \int_{-\infty}^{\infty} x f(x)\,\mathrm{d}x \tag{3.4}$$

と書ける．これは，測定値xと，xという値が現れる確率$f(x)$の積を分布全体にわたって加え合わせることを意味する．たとえば，サイコロの目の数（1から6）と，それぞれの目が現れる確率$\frac{1}{6}$の積をすべて加え合わせると期待値（観察されるサイコロの目の平均値）が得られるが，それと同じように，3.4式は，xという測定値の，分布全体にわたる平均値（期待値）を与えることになる．

測定値のばらつきが偶然誤差によるものであることを考えると，測定値は真の値 X のまわりに，値の大きい側と小さい側で等しい確率でばらつく．N は非常に大きな数なので，得られた平均値（期待値）$\langle x \rangle$ は，真の値 X に等しい（あるいは，限りなく近い）と考えてよいことになる．

通常の測定では測定回数 n は小さく，平均値 $\bar{x}$（$\langle x \rangle$ とは異なる）は，真の値 X とは異なる．その場合の誤差を，真の値を与える N が大きな場合の**分布**を用いてどう評価していくか，というのがこれから議論する内容である．

b. 個々の測定値の信頼度 —個々の測定値からなる分布の標準偏差—

一回の測定における値 x の誤差（**真の値からの差**）を，

$$e = x - X \tag{3.5}$$

と表すと，分布のすべてにわたっての e の平均値 $\langle e \rangle$ は 3.3 節(a)の議論（測定値 x は真の値 X のまわりに大きい側と小さい側で同等の確率でばらつく）からゼロになるが，誤差 e の 2 乗を分布すべてにわたる平均とすると

$$\sigma^2 = \langle e^2 \rangle = \int_{-\infty}^{\infty} (x - X)^2 f(x) \, dx \tag{3.6}$$

はゼロでない値をもつ．この平方根 **σ** は，**分布の標準偏差**(standard deviation of the distribution)とよばれる（σ^2 の値は分布の**分散**という）．

図 3.4 に示すように，精密な測定値の分布では，(a)のように真の値 X の近くでピークを示す確率が高いが，精密さに欠ける測定値の分布の場合，(b)

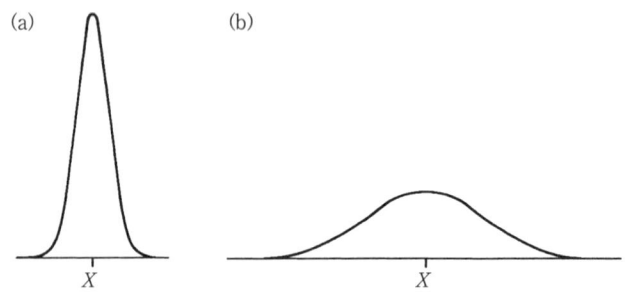

図 3.4 (a)精密な測定がなされ小さい σ が得られた場合と，(b)あまり精密でない測定で大きな σ が得られた場合の分布関数 $f(x)$．それぞれの曲線は規格化されており(3.3式)，面積は等しい．

のように値は X から大きく離れて分散し広がったグラフになる．その際，3.6式の定義から，σ の値は(a)の方が，(b)より小さくなる．e の偶数乗であれば同じような関係が得られるが，高いべき乗の場合は取扱いが難しくなる．そこで，通常 3.6 式で求まる**標準偏差が，分布の広がり・測定値のばらつきの尺度**として用いられる*訳者注*．

通常は，σ はそのまま標準偏差とよび，3.3 節 c で導入する平均値の標準偏差 σ_m を標準誤差とよぶことが多い．そこで，**本書では通常の方法にならい，σ を「測定値からなる分布の標準偏差」，σ_m を「標準誤差（測定値の平均値からなる分布の標準偏差）」として記述する**ことにする．

また，3.4 節 3.14 式で定義される**標本の標準偏差(standard deviation of the sample)**は，平均値からの偏差 s を考えており，真の値からの偏差を考える σ や σ_m とは異なる．

σ や σ_m は理想的な極めて多くの測定値の分布に対する値であって，**実際の実験では，限られた回数の測定データに対し，その平均値からの偏差 s を計算して σ や σ_m を求め，誤差を評価する**ことになるが，3.20 式，3.21 式がこれにあたる．詳しくは，それぞれの項目を参照されたい．

c. 平均値の信頼度 —平均値からなる分布の標準偏差（標準誤差）—

σ よりも，より精度の高い誤差の範囲を与える標準誤差（測定値の平均値からなる分布の標準偏差）σ_m を導入する．

表 3.1 の 8 回の抵抗の測定値は，仮想的な N 回の測定により得られる理想的な測定値の分布からランダムに取ってきた 8 個の値と考える，ということを 3.2 節 a で述べた．ここでは，図 3.5 の操作にしたがって 8 個の値の平均値によってつくられる，新しい集合の分布について考える．

訳者注* 原著では，ある測定条件で得られた測定値からなる分布の標準偏差 σ をその条件での測定値の「標準誤差」と考え，「個々の測定値（からなる分布）の標準誤差(standard error in a single observation)」という言葉を用いている．そして，この条件のもとで n 回測定（1度の実験で n 個の測定値を得る：これを標本という）を何度も繰り返し，n 個ごとの平均値を求めて，それら平均値からなる分布を考え，その標準偏差(σ_m)を「平均値（からなる分布）の標準誤差(standard error in the mean)」とよんでいる（詳細は，次の項目(c)）．この定義だと，前者の σ は n 回測定実験で $n=1$(single observation)の場合に相当し，両者を「標準誤差」として統一的に扱うことができる．ちなみに，σ_m の m は mean(平均)の頭文字である．

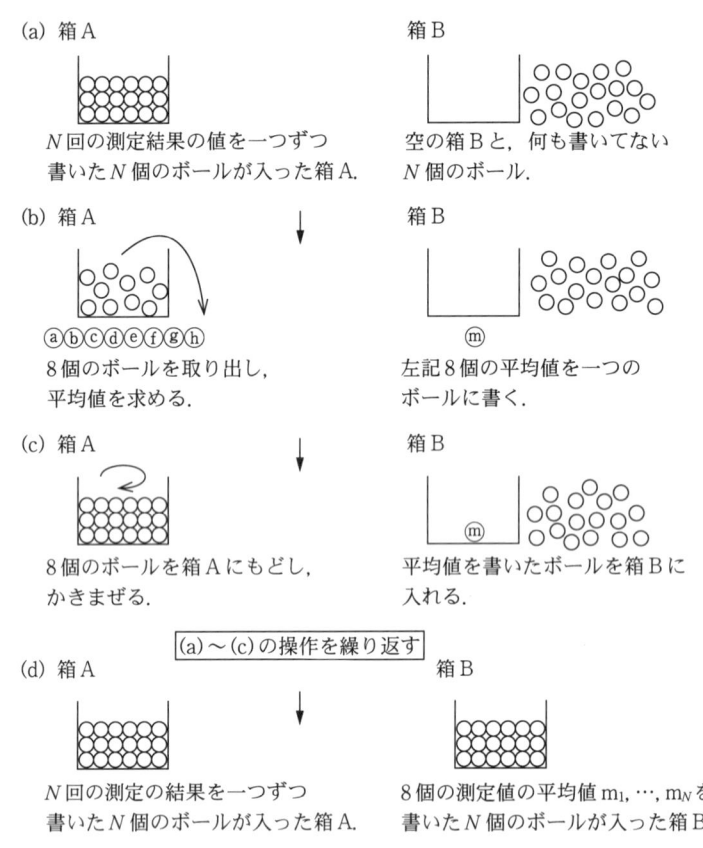

図 3.5　8 回ごとの平均値の集合をつくる操作の概念図

　非常に大きな数 N 個のボールが入った箱(箱 A とよぶ)を用意する．そのボールの一個一個に，N 回の測定により得られた抵抗の値が記入されているとすると，箱 A の中の N 個のボールは，N 個の測定値の分布に対応する．次に，箱 A のほかに，もう一つ，別の箱 B(初めは何も入っていない空の状態)と，無記入のボールを N 個(大きな数であれば等しい必要はない)用意する(図 3.5(a))．そこで，まず箱 A からランダムに 8 個のボールを取り出して平均値を計算し，その値を無記入の 1 個のボールに書き込んで空の箱 B に入れる(図 3.5(b), (c))．取り出した 8 個のボールを箱 A にもどしてかき混ぜた後，もう一度，箱からボールを 8 個取り出し，その平均値を計算し無記入の別のボール

に書き込んで箱Bに入れる．この同じ作業を何回も繰り返すと，箱Bは，箱Aからランダムに取り出した8個のボールの平均値を書き込んだボールでいっぱいになる(図3.5(d))．つまり，箱Bの中のボールの集合は，「8回の抵抗測定」を何度も繰り返したときの，8回ごとの平均値を要素とする，もう一つの新しい**分布**になっている．

この箱B内の平均値の集合で表される分布の標準偏差を σ_m で表し，「n回(今の場合は8回)測定の平均値の誤差の尺度」として用いることにする．つまり，**σ は N 個の測定データからなる分布の標準偏差**を表し，**σ_m は，「(n回の測定)を繰り返し，n回ごとの平均値を集めたデータの標準偏差」**を表すことになる．**σ_m を標準誤差とよぶ**．

次節に述べるように，**通常この σ_m を測定値の誤差の評価に用いる**．

d． σ と σ_m の関係

σ と σ_m の間には非常に明快な関係がある．n 回の測定値の集合 $x_1, x_2, \cdots, x_n$ について考えてみよう．i 番目の測定値における誤差 e_i は，

$$e_i = x_i - X \tag{3.7}$$

と表される．ここで，X は誰にも知ることのできない真の値である．平均値 $\bar{x}$ の誤差 E は，

$$E = \bar{x} - X = \left(\frac{1}{n}\sum x_i\right) - X = \frac{1}{n}\sum(x_i - X) = \frac{1}{n}\sum e_i \tag{3.8}$$

となる(三つ目の式変形で $\sum X = nX$ の関係を用いた)．したがって，E^2 は

$$E^2 = \frac{1}{n^2}\sum e_i^2 + \frac{1}{n^2}\sum_{i}\sum_{\substack{j \\ (i \neq j)}} e_i e_j \tag{3.9}$$

と書けることになる．ここで，第2項は添字 i と j の値が異なる e の積の和である．

さて，3.9式は，「n 回の測定値，一組」について書かれた式である．ここで，3.3節cでも考えたように，「一組 n 回の測定」を非常に多くの回数繰り返したとすると，「一組 n 回の測定値」を非常に多く集めた集合ができる．各集合でそれぞれ n 個の $e_1, e_2, \cdots, e_n$ が得られ，その値から平均値の誤差 $E = \bar{x} - X$ が定まる．また，3.9式は，そのそれぞれの集合に対して成立する．そ

こで，3.9式をすべての集合にわたって平均することを考えてみよう．この場合の平均は分布についての平均⟨ ⟩なので，3.9式より，

$$\langle E^2 \rangle = \left\langle \frac{1}{n^2}\sum e_i^2 + \frac{1}{n^2}\sum\sum e_i e_j \right\rangle$$

$$= \left\langle \frac{1}{n^2}\sum e_i^2 \right\rangle + \left\langle \frac{1}{n^2}\sum\sum e_i e_j \right\rangle$$

$$= \frac{1}{n^2}\langle \sum e_i^2 \rangle + \frac{1}{n^2}\langle \sum\sum e_i e_j \rangle$$

$$= \frac{1}{n^2}\sum \langle e_i^2 \rangle + \frac{1}{n^2}\sum\sum \langle e_i e_j \rangle$$

(ここまでの変形はすべて，数の和の形の平均⟨ ⟩は，逆にそれぞれ数の平均⟨ ⟩を先に考えて後で加え合わせればよいことによる．)

$$= \frac{1}{n^2}\sum \langle e^2 \rangle + \frac{1}{n^2}\sum\sum \langle e_i e_j \rangle$$

(この変形は，第一項の e_i の平均は，添字を取り除いて e の平均と表しても，文字が異なるだけで意味は同じことによる．)

ここで，

$$\sum \langle e^2 \rangle = n \langle e^2 \rangle$$

($\langle e^2 \rangle$ は定数で$\sum$はそれを n 個加えるだけだから)，また，e_i, e_j は互いに独立しており正負同じ数だけ存在するため$\langle e_i e_j \rangle = 0$ となるから，上式は，

$$\langle E^2 \rangle = \frac{1}{n}\langle e^2 \rangle \tag{3.10}$$

と表されることになる．さらに，σ と σ_m の定義より，

$$\sigma_m^2 = \langle E^2 \rangle \quad \text{および} \quad \sigma^2 = \langle e^2 \rangle \tag{3.11}$$

の関係を 3.10 式に代入して，

$$\sigma_m = \frac{\sigma}{\sqrt{n}} \tag{3.12}$$

が得られる．つまり，n 回測定の平均値の標準誤差 σ_m は一組の測定における標準偏差 σ の $1/\sqrt{n}$ 倍となる．したがって，σ の代わりに σ_m を用いることで(もともとの測定値ではなく，平均値を要素とした分布を対象として誤差を評価することで)，より精度の高い，値の小さい誤差を知ることができて，より正確な真の値 X を求めることができそうである．

しかも，σの値は個々の測定の精密さに依存し，測定の回数にはよらないが，**σ_mは，測定回数nを増やすと小さくすることができる**．つまり，測定の回数を増やすことで，より正しい値に近づいていく．ただ，小さくなるなり方は，$1/\sqrt{n}$倍であり，回数が大きくなってくると，その効果は小さくなる(たとえば，$1\,000\,000$回から$100\,000\,000$回に増やしても，$1/10$倍になるだけ)．したがって，ただ測定の回数を増やすのではなく，やはり，**実験そのものを精密に行い，σの値を小さくすること**を心がけなくてはならない(例として，7.3節(d)を参照してほしい)．

3.4　σとσ_mの推定(実験からどう見積もるか)

a． 標準的な推定方法

σを測定データの分布に関する標準偏差，σ_mをn回の測定を繰り返したときの標準誤差(n回ごとの平均値を集めたデータ分布の標準偏差)を表す量とした．では，**実際の限られた数の測定値から，どのようにして，σやσ_mを計算すればよいのだろうか？** 3.12式の関係があるので，どちらか一つの標準誤差を検討するだけでことは足りる．

もっともよいσの推定値は$[(1/n)\sum e_i^2]^{1/2}$から求まるが，ここで$e_i = x_i - X$であるため，**真の値Xがわからなければ，e_iもわからない**．この問題を解決するために，測定値の中のi番目の値と平均値との差(**残差**：residual)

$$d_i = x_i - \bar{x} \tag{3.13}$$

という量を使うことを考えてみよう．d_iは，e_iと異なり実験で得られる値である．そこで，n個のd_iの2乗平均を

$$s^2 = \frac{1}{n}\sum d_i^2 \tag{3.14}$$

と定義する．統計学では，この**sは標本の標準偏差(standard deviation of the sample)**とよばれ，標本とは，ある分布から取り出した一組の値の集まり(ここでは，n個の実験値)である．3.7式，3.8式から，

$$x_i - \bar{x} = e_i - E \tag{3.15}$$

したがって，s^2は，

$$s^2 = \frac{1}{n}\sum(x_i-\bar{x})^2 = \frac{1}{n}\sum(e_i-E)^2$$

$$= \frac{1}{n}\sum e_i{}^2 - 2E\frac{1}{n}\sum e_i + E^2$$

$$= \frac{1}{n}\sum e_i{}^2 - E^2 \tag{3.16}$$

と表される．これは n 回の測定を繰り返したときの一組の測定データに対する結果である．さて，3.3節と同様に，非常に大きなデータ数の分布に対して3.16式の平均を取ると，3.11式の関係があるから，

$$\langle s^2 \rangle = \sigma^2 - \sigma_{\mathrm{m}}{}^2 \tag{3.17}$$

が得られる．これを，3.12式と合わせて用いれば，

$$\sigma^2 = \frac{n}{n-1}\langle s^2 \rangle \tag{3.18}$$

$$\sigma_{\mathrm{m}}{}^2 = \frac{1}{n-1}\langle s^2 \rangle \tag{3.19}$$

となる(両式の $\langle s^2 \rangle$ の係数の意味は，本節(d)を参照)．しかし，通常の実験では測定回数は限られており，$\langle s^2 \rangle$ という量は得られない．そこで，この量を表すもっともよい値として，3.14式から得られる s^2 を採用すると，$\langle s^2 \rangle$ を s^2 で置き換えることによって，

$$\sigma \approx \left(\frac{n}{n-1}\right)^{\frac{1}{2}} s \tag{3.20}$$

$$\sigma_{\mathrm{m}} \approx \left(\frac{1}{n-1}\right)^{\frac{1}{2}} s \tag{3.21}$$

となる[*著者注]．こうして，**実験によって求められる値を用いて，σ や σ_{m} を評価する式**を得ることができたことになる．

注意すべきこととして，**ここで初めて近似が入る**．つまり，3.19式までは，非常に多くの測定値を対象とした理想的な場合を考えてきたが，$\langle s^2 \rangle$ を s^2 で置き換えることで，**限られた測定から得られる s という量を用いて σ や σ_{m} を評価する**ことになる．これがどの程度信頼できるかについては，3.7節で検

著者注[*] $\approx$ という記号は，3.20式，3.21式が，厳密には正しい式ではないことを示している．なぜなら，右辺は特定の n 回測定による値であり，一般には σ や σ_{m} と等しいとは限らない．

b. 計算例

例として，表 3.1 の抵抗の測定値を用いて σ と σ_m を求めてみよう．表 3.2 の左の欄にこれら八つの値が書いてある．まず，平均値 4.625 Ω が求まる．

次に，この平均値と各測定との差(残差)を計算する．たとえば，最初の測定値 4.615 Ω の場合，平均値との差は，

$$d_1 = (4.615 - 4.625)\,\Omega = -10\,\text{m}\Omega \tag{3.22}$$

となる．表 3.2 の 2 番目と 3 番目の列が，残差 d_i とその 2 乗の値である．

これらの値を用いて，

$$s^2 = \frac{1}{n}\sum d_i^2 = \frac{2\,442}{8} \times 10^{-6}\,\Omega^2, \quad s = 0.017\,\Omega \tag{3.23}$$

$$\sigma \approx \left[\frac{n}{n-1}\right]^{\frac{1}{2}} s = \left(\frac{8}{7}\right)^{\frac{1}{2}} \times 0.017 = 0.019\,\Omega \tag{3.24}$$

$$\sigma_m = \frac{\sigma}{\sqrt{n}} \approx \frac{0.019}{\sqrt{8}} = 0.007\,\Omega \tag{3.25}$$

が得られる．一組の測定値(今の場合は 8 個)の結果は $\bar{x} \pm \sigma_m$ と表されるので，この場合コイルの抵抗値 R のもっともよい推定値は，

$$R = 4.625 \pm 0.007\,\Omega \tag{3.26}$$

となる．

表 3.2 表 3.1 の測定値に対しての σ, σ_m の計算

抵抗 (R/Ω)	残差 $(d/\text{m}\Omega)$	$(d/\text{m}\Omega)^2$
4.615	-10	100
4.638	13	169
4.597	-28	784
4.634	9	81
4.613	-12	144
4.623	-2	4
4.659	34	1 156
4.623	-2	4
平均値=4.625		総和=2 442

c. プログラム電卓の中では

計算機で標準偏差を計算する場合，すべての測定値を打ち込むまで平均値は得られないから，3.14 式をそのまま使うわけにはいかない．3.2 式，3.13 式，3.14 式から

$$s^2 = \frac{1}{n}\sum(x_i - \bar{x})^2$$

$$= \frac{1}{n}[\sum(x_i^2 - 2\bar{x}\sum x_i + n\bar{x}^2)]$$

$$= \frac{1}{n}\sum x_i^2 - \left(\frac{1}{n}\sum x_i\right)^2 \tag{3.27}$$

となるが，これを 3.20 式と組み合わせることで

$$\sigma^2 \approx \left\{\frac{n}{n-1}\left[\frac{1}{n}\sum x_i^2 - \left(\frac{1}{n}\sum x_i\right)^2\right]\right\}^{1/2} \tag{3.28}$$

$$= \left\{\frac{1}{n-1}\left[\sum x_i^2 - \frac{1}{n}(\sum x_i)^2\right]\right\}^{1/2} \tag{3.29}$$

が得られる．これが，計算機で用いられる式で，x_i の値を打ち込むと，$\sum x_i^2$，$\sum x_i$ の値が記録され，3.2 式や 3.29 式により，$\bar{x}$ や σ が計算される．

ただ，ここで注意が必要である．3.28 式を書きかえて，

$$\sigma^2 \approx \left\{\frac{n}{n-1}[\overline{x^2} - (\bar{x})^2]\right\}^{1/2} \tag{3.30}$$

とするとよりはっきりするが，本節 b の例からもわかるように，σ は，通常 $\bar{x}$ に比べて(かなり)小さく，$\overline{x^2} - (\bar{x})^2$ の値は，$\overline{x^2}$ や $(\bar{x})^2$ 自身の値に比べて非常に小さい値になる．表 3.2 の例で見ると，

$$\overline{x^2} = 21.393\,24\,\Omega^2, \qquad (\bar{x})^2 = 21.392\,94\,\Omega^2 \tag{3.31}$$

で，両者は，ほとんど同じ値をもつ．したがって，σ を評価するためには(計算機のように)正確な計算が必要で，手計算の場合は，本節 b の方法が用いられる．

d. 一般的な値 x からの偏差

この節を終わる前に，σ と s の間の関係について少し考えてみよう．まず，平均値 $\bar{x}$ からの差(残差)を考える代わりに，任意の値 x からの差を考えてみ

る．各測定値 x_i の x からの偏差の2乗平均の平方根を $S(x)$ とすると，

$$[S(x)]^2 = \frac{1}{n}\sum(x_i-x)^2$$

$$[S(x)]^2 - s^2 = \frac{1}{n}\sum[(x_i-x)^2 - (x_i-\bar{x})^2]$$

$$= \frac{1}{n}\sum(x^2 - 2x_ix + 2x_i\bar{x} - \bar{x}^2)$$

$$= x^2 - 2\bar{x}x + 2\bar{x}^2 - \bar{x}^2 = (x-\bar{x})^2 \tag{3.32}$$

より

$$[S(x)]^2 = s^2 + (x-\bar{x})^2 \tag{3.33}$$

となる．この結果は，いくつかの測定データが与えられたとき，各測定値のある値 x からの差の2乗の和は，平均値からの差を用いたときに最小値を取るということを示している（$x=\bar{x}$ のとき，第2項がゼロになるから）．本節 a で，「真の値」ではなく，「実験から得られる平均値」を用いて標準偏差を評価する方法を述べた．その際，3.18 式にある係数 $n/(n-1)$ が現れる理由は，平均値は真の値とは異なり，ここで見たように，真の値を用いた σ^2 に比べて，平均値を用いた $\langle s^2 \rangle$ のほうが小さいからである．

3.5 ガウス分布(Gaussian distribution)

これまでは，分布関数 $f(x)$ の特定の形状については触れておらず，得られた結果は分布には関係なく成立する．さて，議論をさらに先に進めるためには，特定の関数形が必要となってくるが，ここでは，次の式を考えよう．

$$f(x) = \frac{1}{\sqrt{2\pi}} \frac{1}{\sigma} \exp[-(x-X)^2/2\sigma^2] \tag{3.34}$$

この，二つの定数 X と σ で特徴付けられる分布関数は**ガウス分布**，または**正規分布**とよばれ，その形は図 3.6 のとおりである．

なぜガウス分布を採用するかについては，後で述べることにして，ガウス関数の特徴は，次に述べる三つに要約できる．つまり，

（1） 真の値 X に対して対称
（2） 真の値 X で最大値を取る
（3） $|x-X|$ が σ と比べ大きくなると急激にゼロに近づく

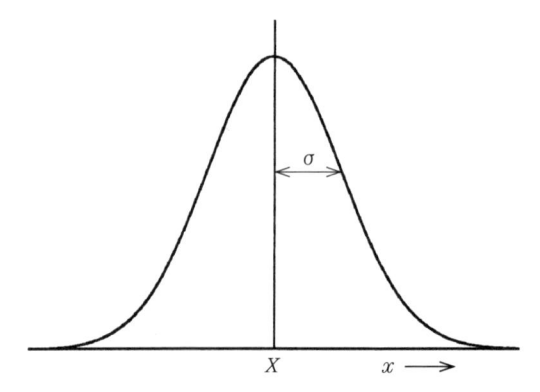

図 3.6　ガウス分布関数．変曲点は $x=X\pm\sigma$ にある

表 3.3　ガウス分布に便利な積分式

$$\int_{-\infty}^{\infty} \exp(-x^2/2\sigma^2)\,\mathrm{d}x = \sqrt{(2\pi)}\,\sigma$$

$$\int_{-\infty}^{\infty} x^2 \exp(-x^2/2\sigma^2)\,\mathrm{d}x = \sqrt{(2\pi)}\,\sigma^3$$

$$\int_{-\infty}^{\infty} x^4 \exp(-x^2/2\sigma^2)\,\mathrm{d}x = 3\sqrt{(2\pi)}\,\sigma^5$$

となっており，まさに，偶然誤差のみを含む測定結果の分布を表すのに最適な関数といえよう．表3.3にガウス分布の計算に便利ないくつかの積分の式を示してある(計算の過程は，付録 A を参照)．

さて，3.34式で X をゼロとし(これは，分布関数の x 軸上の位置がずれるだけで，以下の議論には影響しない)，表3.3の1番目の式を用いると，

$$\int_{-\infty}^{\infty} f(x)\,\mathrm{d}x = \frac{1}{\sqrt{(2\pi)}}\frac{1}{\sigma}\int_{-\infty}^{\infty}\exp[-(x-X)^2/2\sigma^2]\,\mathrm{d}x = 1 \qquad (3.35)$$

が得られ，3.34式の指数部の前の係数 $1/\sqrt{(2\pi)}\cdot(1/\sigma)$ は規格化(全範囲にわたり積分すると1になる)を満たすためのものであることがわかる．次に，3.34式の標準偏差は，同じく $X=0$ として，定義式3.6式と，表3.3の2番目の式から，

$$(標準偏差)^2 = \int_{-\infty}^{\infty} x^2 f(x) \mathrm{d}x$$

$$= \frac{1}{\sqrt{(2\pi)}} \frac{1}{\sigma} \int_{-\infty}^{\infty} x^2 \exp[-(x-X)^2/2\sigma^2] \mathrm{d}x$$

$$= \sigma^2 \tag{3.36}$$

となる．つまり，**ガウス分布の式の中の定数 σ は，関数の標準偏差**となっている．さらに，**$x=\pm\sigma$ は指数関数 $\exp(-x^2/2\sigma^2)$ の変曲点**となっており，じつは，式のうえでも，意味をもっている．

3.6 積分関数(Integral function)

前節と同様に $X=0$ として，$f(x)$ によって表される左右対称の分布関数があるとする．$-x$ から x の間に存在する測定値の割合を $\phi(x)$ とすると，関数 $f(x)\mathrm{d}x$ は定義により，x から $x+\mathrm{d}x$ の間に存在する計測値の割合を表すので，$\phi(x)$ は

$$\phi(x) = \int_{-x}^{x} f(y) \mathrm{d}y \tag{3.37}$$

と書ける．ここで，ϕ の変数が x になるので，右辺の積分変数を y とした．

$\phi(x)$ を分布の積分関数とよぶ．これは，図 3.7 において斜線で示された面積を曲線の全面積で割ったものと等しい．

標準偏差 σ をもつガウス分布では，

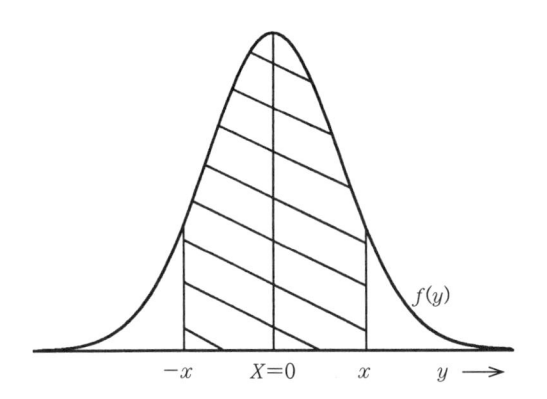

図 3.7 $\pm x$ の間に分布する割合を表す $\phi(x)$ は，分布関数 $f(y)$ の面積全体に占める斜線部分の割合となる．

$$\phi(x) = \frac{1}{\sqrt{2\pi}} \frac{1}{\sigma} \int_{-x}^{x} \exp(-y^2/2\sigma^2) \, dy$$
$$= \sqrt{\frac{2}{\pi}} \frac{1}{\sigma} \int_{0}^{x} \exp(-y^2/2\sigma^2) \, dy \tag{3.38}$$

となる．ここで，式変形は，関数 $\exp(-y^2/2\sigma^2)$ が偶関数で，正側，負側で同じ積分値をもつことによる．さて，このままでは $\phi(x)$ は σ の値により変化するが，どんな値の σ にも対応して使える表があると便利である．そこで，$t=y/\sigma$，$z=x/\sigma$ という変数変換をして，

$$\phi(z) = \sqrt{\frac{2}{\pi}} \int_{0}^{z} \exp(-t^2/2) \, dt \tag{3.39}$$

と書くと，t，z とも「σ の何倍か」を基準にして ϕ の値が求まるから，σ の異なる分布をまとめて議論できることになる．数値計算によって求めた関数 $\phi(z)$ の値が付録 H.1 の別表にまとめてあり，また，図 3.8 に ϕ の様子を示す．

表 3.4 にあげたいくつかの値 (付録 H.1 から抜粋) を用い，図 3.8 について見てみよう．$\phi(z)$ は z までの範囲に測定値が含まれる割合だから，まず，測定値の 2/3 (=0.683) は，$z=1$ (つまり，$x=\pm\sigma$) の範囲内に含まれる．2σ より外側に現れる割合は約 1/20 であり，3σ の外側だと約 1/400 になる．

これらの結果は，**σ が測定結果の散らばり具合を表すよい指標**であることの定量的な基礎付けとなる．また，こうした値を実験値と比べることで，σ が

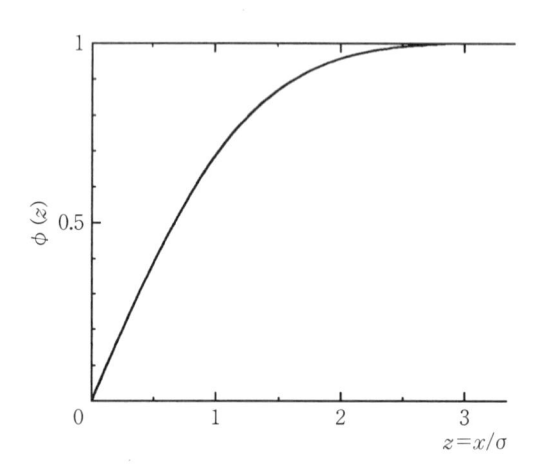

図 3.8 ガウス分布に対する分布関数 $\phi(z)$

表 3.4

$z=x/\sigma$	$\phi(z)$	z より外側にある測定値のおおよその割合
0	0	1/1
1	0.683	1/3
2	0.954	1/20
3	0.9973	1/400
4	0.99994	1/16 000

実際に,正しく推定されているかどうかを調べることができる.たとえば,平均値 $\bar{x}$ をもつ一組の測定値に対し,おおよそ3分の2の計測値が $\bar{x}\pm\sigma$ の範囲内に収まっていなくてはならない.

これらの結果は,そのまま,平均値 $\bar{x}$ の分布の標準偏差(すなわち,標準誤差) σ_{m} に対しても当てはめることができる.測定結果が $\bar{x}\pm\sigma_{\mathrm{m}}$ と表されるとき,系統誤差がない場合,物理量の測定値が $\bar{x}\pm\sigma_{\mathrm{m}}$ の範囲内に存在する確率は,おおよそ3分の2となるはずである.

計測の誤差を表す別の指標として,σ のほかに,「公算誤差(probable error)」とよばれるものがある.これは,図3.7で見たとき,この斜線の領域に測定値の半分が存在するような x の値として定義される.ガウス分布の場合,公算誤差は 0.67σ となる.しかし,似たような二種類の指標があっても混乱を招くだけで,どちらか一つに決めた方が明らかに便利である.1/2の測定値が含まれるというのはわかりやすいが,公算誤差はあまり基本的な量とはいえず,現在おもに使われるのは標準誤差の方である.公算誤差は古い本や論文で見られるかもしれないが,本書では,公算誤差については,ここで述べるにとどめておく.

3.7 誤差の誤差

3.4節において,$\langle s^2 \rangle$ のもっともよい推定値は s^2 から求まる,ということを述べた.s^2 は,ある n 回の一組の測定値から得られる値であり,その値が,異なる測定の組に対して,どのように変化するかを見るのは興味深い.s^2 の誤差は

$$u = s^2 - \langle s^2 \rangle \tag{3.40}$$

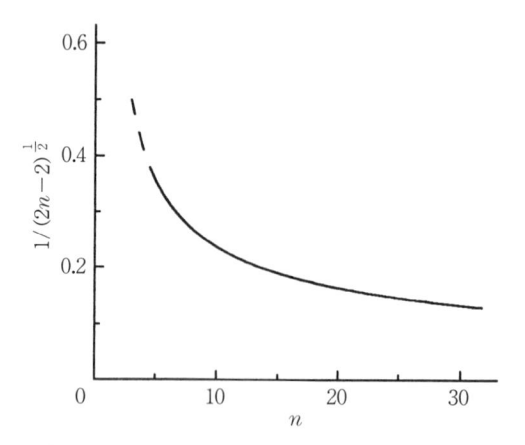

図 3.9 $1/(2n-2)^{1/2}$ は測定回数 n 回に対する s の標準偏差比を表す

と書け，ガウス分布の場合，$\langle u^2 \rangle = [2/(n-1)]\langle s^2 \rangle^2$ となる(詳細は，付録B)．したがって，s^2 の標準偏差 $\sqrt{\langle u^2 \rangle}$ の $\langle s^2 \rangle$ に対する比は $[2/(n-1)]^{1/2}$ となり，s についての同様の比は $[1/(2n-2)]^{1/2}$(4.1節 a の 4.9 式で $n=1/2$ の場合に対応)と求まる．

測定回数 n を横軸に，$1/(2n-2)^{1/2}$ の数値を縦軸にとったグラフを図 3.9 に示す．これを見ると，**誤差をあまり丹念に計算しても無意味**であることがよくわかる．つまり，それほど少なくない $n=9$(測定値が 9 回)に対して，誤差(s を用いたことによるずれ)の見積もりは，4 分の 1 程度にしかならず，また，それ以上回数を増やしても，あまりよくはならないからである．もちろん，あまりに少ないデータでは，誤差はそれ以上に大きくなる．

3.8 なぜガウス分布なのか？

これまで，ガウス関数を，偶然誤差のみを含む測定結果の分布を表すのに適しているとして紹介してきた．しかし，**ガウス分布を用いる理論的根拠**は，「中心極限定理」とよばれる統計学における定理による．詳細は省くが，この定理は，「それぞれの n 回の測定が，非常に大きな回数の測定よりなる，ある分布から取り出された値であるとき，n 回測定の平均値の分布はガウス分布に近づく」というものである．

また，ガウス分布の仮定は，一組の測定値の平均値を，ある物理量の測定量の「最適」な値とする考え方にも関連付けられる．われわれは，**ある物理量を測定したとき，通常，平均値をもってその値を代表させるが，はたしてこれは正しいのだろうか？** 誤差を扱うのにガウス分布を用いることが妥当であれば，以下に述べるように，この疑問に対する答えとなる．

分布関数が $f(x-X)$ という形を取り，X が真の値を示すとする．ε を測定装置の検出感度の限界値(検出し得る最小の値)とすると(ε は小さな値であれば，実際の値は議論に何の影響もない)，x が x_i を取る確率は，$f(x_i-X)\varepsilon$ だから，n 回の測定を行ったとき，$x_1, x_2, \cdots, x_n$ という値が得られる確率は，

$$f(x_1-X)f(x_2-X)\cdots f(x_n-X)\varepsilon^n \tag{3.41}$$

となる($f(x)$ において，x が x_i と $x_i+\mathrm{d}x$ の間に存在する確率は $f(x_i)\mathrm{d}x$ で，今の場合，$\mathrm{d}x$ はすべての x_i に対して，検出感度 ε で表されるから)．

X としての「最適」な値は，3.41 式に代入されたときにこの式が最大値を取る値，つまり，一組の測定値が得られる確率が一番高くなる値として定義される．詳細は述べないが，$f(x-X)$ がガウス関数であることが証明できれば，X の最適な値は，x_1 から x_n までの平均値となり，逆に X の値が平均値であれば，分布関数はガウス関数となる，ということが証明される(Whittaker, Robinson, 1944)[†2]．これが，われわれが**平均値をもって測定値を代表させることの理論的な裏付け**である．

この本では，ガウス分布のみを使用することになるが，すべての科学実験の測定値がこの分布の形を取るわけではない．ランダムな過程が離散的な測定値を与える現象―たとえば，ある原子の集団が確率的に放射線を発して崩壊する現象など―では，単位時間あたりの崩壊原子数は，ランダムで離散的な値を取り，解析には「ポアソン分布(付録 D)」が用いられる．

3.6 節や 3.7 節で見てきたようなガウス分布を用いて得られる結果は，分布の正確な形にはあまりよらない．また，図 3.8 の例で見たように(分布の形の話とは異なるが)，われわれが，3.20 式，3.21 式で取り扱う誤差の値というのは，多くの場合，ガウス分布からの少しのずれによる効果など問題にならないくらい粗い近似である．

ある分布を採択するにあたって考慮しなければならない条件は，(a) 妥当性

があり，(b)代数的に扱うのが容易，ということである．多くの場合，ガウス分布は，これらの条件をともによく満たす．したがって，**測定値の評価で明らかに矛盾が現れない限り，通常，ガウス分布が採択され**，それをもとにした解析が行われることになる．ガウス分布にならない場合に見られる共通した理由の一つは，たとえば，データの読みを，針が指している値そのものではなく，表示のもっとも近い値にしたり（針が5と6の目盛りの間の中心より6側にあれば，すべて6と読むなど），デジタル機器の表示の最後の桁が小さな変化しかしない，といったことでばらつきの少ない離散的なデータが得られるような実験である．こうした状況は，5章で取り扱う．

記号，術語，重要な公式のまとめ

A. 測定値関連のまとめ

測定でわかる量：

- 測定値 　　　　　　　　　$x_1, x_2, \cdots, x_n$
- 平均値 　　　　　　　　　$\bar{x} = \dfrac{1}{n} \sum x_i$
- i 番目の測定値の残差 　　$d_i = x_i - \bar{x}$
- 標準偏差 　　　　　　　　$s = \left(\dfrac{1}{n} \sum d_i^2 \right)^{\frac{1}{2}}$

測定からはわからない量：

- 真の値 　　　　　　　　　X
- i 番目の測定値の誤差 　　$e_i = x_i - X$
- 平均値の誤差 　　　　　　$E = \bar{x} - X$

B. 分布

- 測定値からなる分布の標準偏差 　　　　　　　　　　$\sigma = \langle e^2 \rangle^{\frac{1}{2}}$
- 標準誤差（測定値の平均値からなる分布の標準偏差）　$\sigma_\mathrm{m} = \langle E^2 \rangle^{\frac{1}{2}}$

C. 重要な関係

$$\sigma_m = \frac{\sigma}{\sqrt{n}}$$

$$\sigma^2 = \frac{n}{n-1}\langle s^2 \rangle$$

$$\sigma_m^2 = \frac{1}{n-1}\langle s^2 \rangle$$

D. σ, σ_m を計算するための公式

$$\sigma \approx \left[\frac{\sum d_i^2}{n-1}\right]^{\frac{1}{2}} = \left[\frac{\sum x_i^2 - \frac{1}{n}(\sum x_i)^2}{n-1}\right]^{\frac{1}{2}}$$

$$\sigma_m \approx \left[\frac{\sum d_i^2}{n(n-1)}\right]^{\frac{1}{2}} = \left[\frac{\sum x_i^2 - \frac{1}{n}(\sum x_i)^2}{n(n-1)}\right]^{\frac{1}{2}}$$

E. ガウス分布について

$$f(x) = \frac{1}{\sqrt{(2\pi)}} \frac{1}{\sigma} \exp[-(x-X)^2/2\sigma^2]$$

$X=0$ とすると，x と $x+\mathrm{d}x$ の間にある測定値の割合は $f(z)\mathrm{d}z$ と書ける．

ただし

$$f(z) = \frac{1}{\sqrt{(2\pi)}} \exp(-z^2/2), \quad z = \frac{x}{\sigma}$$

である．また，$-x$ から x の間にある測定値の割合は

$$\phi(z) = \sqrt{\left(\frac{2}{\pi}\right)} \int_0^z \exp(-t^2/2)\,\mathrm{d}t$$

となる．$f(z)$, $\phi(z)$ は付録 H.1 の表に計算値が示してある．

練　習　問　題

3.1　重力加速度 g の測定を行い，以下の値を得た．
　　　　9.81, 9.79, 9.84, 9.81, 9.75, 9.79, 9.83　$(m\,s^{-2})$
　　表 3.2 と同じような表を作成し，3.4 節(b)の例題と同じように，測定値を評価せよ．

3.2　同じ物理量を測定した結果，以下の二組(A 組と B 組)の結果が得られた．それぞれの平均値，標準誤差を求め，これらの測定における系統誤差について議論せよ．
　　A 組：1.90, 2.28, 1.74, 2.27, 1.67, 2.01, 1.60, 2.18, 2.18, 2.00
　　B 組：2.01, 2.05, 2.03, 2.07, 2.04, 2.02, 2.09, 2.09, 2.04, 2.03

3.3　0 ℃における銅の熱伝導は，$k=385.0\,W\,m^{-1}\,K^{-1}$ である．系統誤差がなく，多くの測定を行うと，標準誤差 $\sigma=15.0\,W\,m^{-1}\,K^{-1}$ のガウス分布となる．一度の測定で，測定値が以下の範囲に現れる確率を求めよ．
　　　　(a) 385.0〜385.1　(b) 400.0〜400.1　(c) 415.0〜415.1
　　　　(d) 370.0〜400.0　(e) 355.0〜415.0　(f) 340.0〜430.0
　　　　$(W\,m^{-1}\,K^{-1})$

3.4　3.3 節(d)で述べたように，
$$\sigma_m = \frac{\sigma}{\sqrt{n}}$$
の関係がある．この関係は，特別な関数形を決める前に求めており，任意の分布関数に対して成り立つはずである．このことを改めて確認するため，たった二つの値からなる場合(-1 という値が 0.9 の確率を，$+9$ の値が 0.1 の確率をもつ)を例として考えてみよう．$n=3$ として，σ，σ_m を計算し，ガウス分布からまったく外れた場合でも，$\sigma_m = \sigma/\sqrt{3}$ の関係が成り立つことを示せ．

計算誤差と有効数字

　計算により生じる誤差を**計算誤差**とよぶ．たとえば，計算機で計算を行うときでも，数値は，メモリーに記録する際にある桁数に丸められる（丸め誤差）．そのため，結果には誤差を生じてくる．日常の生活の中でも，こうして桁数を絞ることは多いが，その際，四捨五入，切上げ，切捨て，といった方法が知られている．さて，われわれは，多くの場合，誤差が少ない方法として，何気なく「四捨五入」を使っているが，これは，どの程度正しいのだろうか？

　たとえば，10 という値に 0.5 を加えたり引いたりすることを繰り返し，そのつど，四捨五入を行って，結果を 2 桁にすることを考える．このとき，

　　1 回目：$10+0.5=10.5 \to 11.0$,　　$11.0-0.5=10.5 \to 11.0$
　　2 回目：$11.0+0.5=11.5 \to 12.0$,　　$12.0-0.5=11.5 \to 12.0$

という具合に，演算を繰り返すたびに数値が大きくなってしまう．そこで，こうした計算による誤差を小さくするためにいくつかの工夫がなされる．ここでは，その一つを紹介しよう．それは，四捨五入を行う桁より 1 桁上の数値が奇数のときは，そのまま四捨五入をし，もし，その値が偶数なら，四捨五入の代わりに五捨六入を行う，というものである．この方法によると，同じ計算は，

　　1 回目：$10+0.5=10.5 \to 10.0$,　　$10.0-0.5=9.5 \to 10.0$
　　2 回目：$10.0+0.5=10.5 \to 10.0$,　　$10.0-0.5=9.5 \to 10.0$

という具合に，元の値が保持されることになる．

　実験において測定値を解析する際，こうした計算は**有効数字**の扱いと関係して行われる．有効数字とは，位取りの 0 を取り除いた，意味のある数値（桁数を多くしても，誤差に埋もれた数値では意味がない）に対する名称で，たとえば，1.23 は有効数字 3 桁であるが，0.12 は，有効数字 2 桁である．

　有効数字は，実験結果を示すとき非常に重要な概念であるが，取扱いはなかなか難しい．たとえば，25 ページの抵抗測定の問題では，測定値と同じ桁数

を考えて，$4.625\pm0.007\,\Omega$ と答を与えたが，36ページの重力定数測定の練習問題3.1では，9.803 ± 0.011 と，測定値より1桁多い値を答として求めた．これは，なぜであろうか？

　通常，有効数字を求めるときは，残す桁より一つ下の桁を四捨五入する．抵抗測定では，4.625 2 の2を，重力定数では，9.802 8 の8を四捨五入している．ここで，前者では，0.000 2 だけ小さくなっており，誤差に対する割合は，($0.000\,2/0.007=$)2.9％と，十分に小さく，測定値の桁数をそのまま用いても問題はない．一方，後者では，0.000 2 だけ大きくなっているが，これらの誤差に対する割合は，($0.000\,2/0.011=$)1.8％程度で，このときも問題はない．しかし，これを，測定値の桁数に合わせて9.80とすると，0.002 8 だけ小さくなり，誤差の25％程度になってしまう．これは，かなり大きな値である．したがって，例題では，測定誤差が小さいと考え，有効数字をもう1桁あるとして1桁下まで残して測定値を決定しているのである．

訳者注　ティータイム
　イギリス人が紅茶を好むことはよく知られている．イギリスの大学や研究所などでは，だいたい朝は10時頃，午後は3時頃，ティータイムと称して教授から大学院生までが会合室に集まり談話をする．最近では紅茶(ティー)よりはコーヒーを飲む人の方が多いが，それぞれ大きなマグカップに紅茶かコーヒーを入れて談笑する．こうした自由な議論の場で分野の異なった人たちが互いに相手の自慢話などを聞きながら，新分野への構想がわいてくることも多い．この訳書では，本書の周辺分野のちょっとした話題をティータイムとして読者に紹介することとした．

4 さらに進んだ誤差の扱い

【本章のキーワード】
関数形と誤差　個々の誤差と最終誤差　最小2乗法
簡略な傾きの求め方　データの重み付け

4.1 関数関係をもつ物理量の間の誤差の取扱い

ほとんどの実験では，最終的な物理量(Z で表す)の値を直接求めることは難しく，その要素となる個々の物理量(A, B, C など)を測定し，最終的な値を求めることになる．この場合，各要素となる物理量と求めたい物理量の間の関係(**関数形**)はわかっているものとする．たとえば，ある直方体の形をした材料の密度 ρ を求めることを考える．この場合，質量 M，各辺の長さ l_x，l_y，l_z の間には，

$$\rho = \frac{M}{l_x l_y l_z} \tag{4.1}$$

の関係(定まった関数形)がある．このとき，各要素の値を求める実験を行い，$M = \bar{M} \pm \Delta M$, $l_x = \bar{l}_x \pm \Delta l_x$, $l_y = \bar{l}_y \pm \Delta l_y$, … といった形で，平均値と標準誤差($\Delta M$ など)が求まったとする．これらの値から，$\rho = \bar{\rho} \pm \Delta \rho$ をどう求めればよいだろうか？

要素となる個々の物理量の測定誤差から，最終的な物理量の誤差をどう見積もればよいか，というのが本節の課題である．本節では，個々の物理量の測定は完全に独立で，お互いの間に関係はないとする(関係がある場合については練習問題 4.2 で触れる)．

a．1変数の場合の取扱い

まず，Z が，$Z = A^2$ とか，$Z = \ln A$ のようにただ一つの変数(上記 A, B, C, … で表された物理量の一つ)をもつ場合を考えよう．こうした要素となる

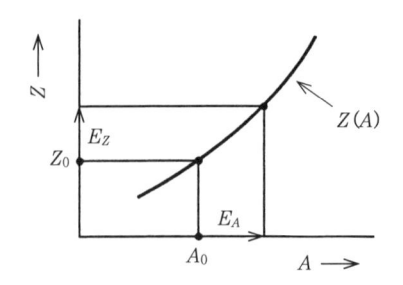

図 4.1 A の誤差 E_A と Z の誤差 E_Z の関係

物理量と最終的な物理量の関係を，一般的な場合を念頭に，
$$Z = Z(A) \tag{4.2}$$
と書く(ここで A は，物理量とその値の両方を表すものとする).

もし，A の真の値が A_0 であれば，Z の真の値 Z_0 は，
$$Z_0 = Z(A_0) \tag{4.3}$$
となる．このとき図4.1に様子を示してあるように，A の誤差は，
$$E_A = A - A_0 \tag{4.4}$$
また，Z の誤差 E_Z は，
$$E_Z = Z(A_0 + E_A) - Z(A_0) \tag{4.5}$$
と書ける．もし誤差 E_A が小さい値で，A_0 と A の間の曲線 Z を直線で近似できるとすると，直線は，$A = A_0$ における曲線 Z の接線(傾き dZ/dA)で表されるから，図からわかるように，
$$E_Z \approx \frac{dZ}{dA} E_A \tag{4.6}$$
となる．ここで，$\approx$ はこの式が近似式であることを示す．

 4.4式と4.6式を合わせると，Z の誤差 E_Z は A の誤差に比例し，比例係数は，
$$c_A = \left(\frac{dZ}{dA}\right)_{A=A_0} \tag{4.7}$$
と表される．ここで，$(dZ/dA)_{A=A_0}$ は，$A = A_0$ における dZ/dA の値である．

 さて，A が平均値 $\overline{A}$ をもつ分布に従い，誤差の標準偏差(4.6式の2乗平均

の平方根)を考えると, 4.6 式の係数 c_A(4.7 式で表される)は $A=A_0$ における傾きで定数だから,

$$\Delta Z = c_A \Delta A \tag{4.8}$$

と書ける.

例として, $Z=A^n$ の場合, 4.7 式から $c_A=nA^{n-1}$ だから, 4.8 式に $c_A=nA^{n-1}$ を代入して, 両辺を $Z=A^n$ で割れば,

$$\frac{\Delta Z}{Z} = n\frac{\Delta A}{A} \tag{4.9}$$

が得られる. 32 ページで, s^2 の値から s を求める際の関係は, $n=1/2$ の場合に対応する. また, たとえば, 練習問題 4.1 (p.54) で見るように, 実験で物理量 A の測定値が, $\bar{A}\pm\Delta A$ と得られたとき, $Z(A)$ は, 4.9 式を用いて, $\bar{Z}\pm\Delta Z$ ($\bar{Z}$ は $\bar{A}$ を代入した値)と求められる.

b. 多変数の場合

続いて, Z が二つの変数 A, B の関数

$$Z = Z(A, B) \tag{4.10}$$

の場合を扱う. A と B の誤差を, A, B の真の値 A_0, B_0 を用いて

$$E_A = A - A_0, \quad E_B = B - B_0 \tag{4.11}$$

と表す. 4.1 節 a での取扱いと同様, Z は, 直線で近似できると仮定すると, A, B は独立だから, 1 変数の場合の 4.8 式を拡張し, Z の誤差は, それぞれの変数による変化を加え合わせて,

$$E_Z = c_A E_A + c_B E_B \tag{4.12}$$

$$c_A = \left(\frac{\partial Z}{\partial A}\right), \quad c_B = \left(\frac{\partial Z}{\partial B}\right) \tag{4.13}$$

となる. 偏微分は, 4.7 式同様, $A=A_0$, $B=B_0$ での値を用いる. 4.12 式から,

$$E_Z^2 = c_A^2 E_A^2 + c_B^2 E_B^2 + 2c_A c_B E_A E_B \tag{4.14}$$

A, B をそれぞれの分布について平均すれば, 両者は独立なので, 3 章の計算で何度かやったように, 最後の項はゼロとなる. また,

$$(\Delta Z)^2 = \langle E_Z^2 \rangle, \quad (\Delta A)^2 = \langle E_A^2 \rangle, \quad (\Delta B)^2 = \langle E_B^2 \rangle \tag{4.15}$$

だから，
$$(\Delta Z)^2 = c_A{}^2 (\Delta A)^2 + c_B{}^2 (\Delta B)^2 \tag{4.16}$$
と書ける．さて，今までの結果をまとめると，$A, B, C, \cdots$の関数Zについて，それぞれの標準誤差を$\Delta Z, \Delta A, \cdots$とすれば，一般的な関係として，
$$(\Delta Z)^2 = (\Delta Z_A)^2 + (\Delta Z_B)^2 + (\Delta Z_C)^2 + \cdots \tag{4.17}$$
$$\Delta Z_A = \left(\frac{\partial Z}{\partial A}\right) \Delta A, \cdots \tag{4.18}$$
が得られることになる．表4.1はいくつかの関数について，この関係をまとめたものである．

表 4.1 誤差の合成（誤差の伝播）

ZとA, Bの関係	標準誤差の関係	
$Z = A + B$ $Z = A - B$	$(\Delta Z)^2 = (\Delta A)^2 + (\Delta B)^2$	(ⅰ)
$Z = AB$ $Z = A/B$	$\left(\dfrac{\Delta Z}{Z}\right)^2 = \left(\dfrac{\Delta A}{A}\right)^2 + \left(\dfrac{\Delta B}{B}\right)^2$	(ⅱ)
$Z = A^n$	$\dfrac{\Delta Z}{Z} = n \dfrac{\Delta A}{A}$	(ⅲ)
$Z = \ln A$	$\Delta Z = \dfrac{\Delta A}{A}$	(ⅳ)
$Z = \exp A$	$\dfrac{\Delta Z}{Z} = \Delta A$	(ⅴ)

4.2　最小2乗法

a．はじめに

実験では，二つの物理量xとyを測定し，グラフから両者の関係を求めるということがよく行われる．この場合，グラフにプロットされたそれぞれの測定値を結び付ける関数$y = y(x)$を探し出すことになるが，**何かよい指針はあるだろうか？**

本節では，二つの物理量が直線関係をもつ場合に話を限り，この問題を扱う．したがって，われわれが解くべき問題は，直線の式を
$$y = mx + c \tag{4.19}$$
としたとき，グラフの各点を結びつける最良の直線を得るために，**いかにし**

て，パラメータ m と c を定めるか，ということになる．

直線関係は物理の多くの領域で見られ，適用範囲は広い．x そのものを変数とすると直線にならない場合も，**x のある関数形を考え，解析が容易な直線関係 4.19 式にもち込む工夫**をすることが大切である．たとえば，ガラスの屈折率 μ の波長 λ 依存性は，a, b を定数として

$$\mu = a + \frac{b}{\lambda^2} \tag{4.20}$$

となるが，この場合，λ に対してではなく，$1/\lambda^2$ に対して μ をプロットすることにより，4.19 式と同様の形の直線関係が得られることになる．

4.19 式の m と c を求める標準的な方法は**最小 2 乗法**とよばれる．

b. 理論的な枠組み

図 4.2 に見られるように，n 個の測定値の対 (x_1, y_1), (x_2, y_2), $\cdots$, (x_n, y_n) があるとする．ここでは，x の値には誤差はなく，誤差はすべて y に含まれると仮定する．たとえば，抵抗の温度変化を測定するとして，温度は精密に制御され，誤差は，抵抗の値の測定により生じるという場合を考える[*著者注]．

ある傾き m と切片 c をもつ直線があったとき，i 番目の測定値 y_i の誤差（直線からのずれ）は，y_i と $(mx_i + c)$ の差になるので，

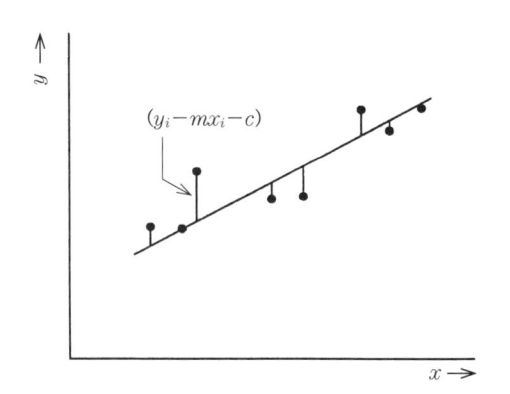

図 4.2 最小 2 乗法の原理．直線は $\sum (y_i - mx_i - c)^2$ を最小にするもの．

著者注[*] x と y の両方に誤差が含まれる場合，解析は複雑になる(Guest, 1996)[†3]．しかし，得られる直線はここで計算される結果に近い(練習問題 4.4)．

$$y_i - mx_i - c \tag{4.21}$$

と書ける．もし，理想的な直線が与えられたなら，各測定値の直線からのずれは，ほかの任意の直線の場合に比べて小さいと考えられる．したがって，最良の直線を与える m と c は

$$S = \sum (y_i - mx_i - c)^2 \tag{4.22}$$

を最小にすることで求められると考えられる[*著者注]．**これが「最小2乗法」とよばれるゆえんである．**

偏差の2乗の和を最小にするという考えは，1806年，ルジャンドル(A.M. Legendre, 1752～1833)により初めて提案されたものである．この方法は，様々な応用が可能で，たとえば3.4節dでは，偏差の2乗の和を最小にするという原理が測定値の平均値を与える，ということを例として見た．

さて，4.22式を m, c で偏微分することにより，

$$\frac{\partial S}{\partial m} = -2 \sum x_i (y_i - mx_i - c) = 0 \tag{4.23}$$

$$\frac{\partial S}{\partial c} = -2 \sum (y_i - mx_i - c) = 0 \tag{4.24}$$

となる．求める m と c は，これら二つの式を同時に満たさねばならない．二つの式は，それぞれ，

$$m \sum x_i^2 + c \sum x_i = \sum x_i y_i \tag{4.25}$$

$$m \sum x_i + cn = \sum y_i \tag{4.26}$$

と書ける．まず，4.26式の両辺を n で割り，4.19式と比較すると，最良の直線は，

$$\bar{x} = \frac{1}{n} \sum x_i, \quad \bar{y} = \frac{1}{n} \sum y_i \tag{4.27}$$

を直線4.19式の x, y に代入した形になっている．4.27式は，それぞれ，x_i, y_i の平均値であり，$(\bar{x}, \bar{y})$ は，測定値すべての重心の座標になる．つまり，**最良の直線は，すべての点の重心を通るもの**であることがわかる．4.25式，4.26式から，

$$m = \frac{\left[\sum (x_i - \bar{x}) y_i\right]}{\sum (x_i - \bar{x})^2} \tag{4.28}$$

著者注* それぞれの測定値に重みがある場合の取扱いは4.4節で議論する．

$$c = \bar{y} - m\bar{x} \tag{4.29}$$

4.28 式から m が求まり，これを 4.29 式に代入することで c が求まる．こうして得られた m, c の値を 4.21 式に代入して得られる偏差

$$d_i = y_i - mx_i - c \tag{4.30}$$

を用いることにより，m, c の標準誤差が，

$$(\Delta m)^2 \approx \frac{1}{D} \frac{\sum d_i^2}{n-2} \tag{4.31}$$

$$(\Delta c)^2 \approx \left(\frac{1}{n} + \frac{\bar{x}^2}{D}\right) \frac{\sum d_i^2}{n-2} \tag{4.32}$$

$$D = \sum (x_i - \bar{x})^2 \tag{4.33}$$

と求まることになる(詳細は付録 C(p. 207))．

原点を通る直線の場合は，縦軸の切片を $c=0$ として，

$$m = \frac{\sum x_i y_i}{\sum x_i^2} \tag{4.34}$$

$$(\Delta m)^2 \approx \frac{1}{\sum x_i^2} \frac{\sum d_i^2}{n-1} \tag{4.35}$$

となる．

c．プログラム電卓やコンピューターの場合

計算機を用いて，m, c, Δm, Δc を求める場合，4.28 式〜4.33 式の表示はあまり適当とはいえない．なぜなら，$\bar{x}$, $\bar{y}$, m, c(したがって d_i)という値は，**すべての数値が打ち込まれるまでわからない**からである．3.4 節で σ を計算する際に行ったのと同様に，これらの表示を計算機に適した形に書き換えておこう．

$$E = \sum (x_i - \bar{x})(y_i - \bar{y}) = \sum (x_i - \bar{x}) y_i \tag{4.36}$$

$$F = \sum (y_i - \bar{y})^2 \tag{4.37}$$

とすると，4.28 式は

$$m = \frac{E}{D} \tag{4.38}$$

と書ける．また，

$$\sum d_i^2 = \sum (y_i - mx_i - c)^2$$

$$= \sum [(y_i - \bar{y}) - m(x_i - \bar{x})]^2$$
$$= \sum (y_i - \bar{y})^2 - 2m \sum (x_i - \bar{x})(y_i - \bar{y}) + m^2 \sum (x_i - \bar{x})^2$$
$$= F - 2mE + m^2 D$$
$$= F - \frac{E^2}{D} \tag{4.39}$$

したがって，4.31 式，4.32 式，4.39 式より，

$$(\Delta m)^2 \approx \frac{1}{n-2} \frac{DF - E^2}{D^2} \tag{4.40}$$

$$(\Delta c)^2 \approx \frac{1}{n-2} \left(\frac{D}{n} + \bar{x}^2 \right) \frac{DF - E^2}{D^2} \tag{4.41}$$

となる．また，これらの計算に用いた，D (4.33 式)，F (4.36 式)，E (4.37 式) は

$$D = \sum x_i^2 - \frac{1}{n} (\sum x_i)^2 \tag{4.42}$$

$$E = \sum x_i y_i - \frac{1}{n} \sum x_i \sum y_i \tag{4.43}$$

$$F = \sum y_i^2 - \frac{1}{n} (\sum y_i)^2 \tag{4.44}$$

と書き直すことができる．以上の書き換えにより，m, c, Δm, Δc はすべて，

$$\sum x_i, \quad \sum y_i, \quad \sum x_i^2, \quad \sum x_i y_i, \quad \sum y_i^2 \tag{4.45}$$

の五つの和により得られることになる．計算機では，n 個の数値の対 (x_i, y_i) からこれらの和を計算し，4.42 式〜4.44 式から D, E, F を，そして，4.38 式，4.29 式，4.40 式，4.41 式から，m, c, Δm, Δc が求められる．

d．最小 2 乗法の計算例

例として，半導体（シリコン）の抵抗 R の温度 T に対する依存性を調べる実験を考えてみよう．両者の間には，

$$R = R_0 \exp \left(\frac{T_0}{T} \right) \tag{4.46}$$

の関係がある．ここで，R_0，T_0 は定数である．測定は，抵抗 R を標準抵抗 R_s に直列に接続し，一定電流を流したときに，両者にかかっている電圧 V_1,

V_2 を測定し，

$$R = R_s \frac{V_1}{V_2} \tag{4.47}$$

として，値が求められることになる．温度は，Ni-Cr/Cu-Ni 熱電対を用いて測定する*著者注．

表 4.2 シリコン試料の抵抗の温度変化　$x=10^3\,\mathrm{K}/T$, $y=\ln(R/\Omega)$

T/K	R/Ω	x	y
570.6	148.1	1.752	4.998
555.9	202.6	1.799	5.311
549.4	227.1	1.820	5.425
544.1	255.1	1.838	5.542
527.3	362.0	1.897	5.892
522.2	406.1	1.915	6.007
513.1	502.5	1.949	6.220
497.6	750.1	2.010	6.620
484.9	1026.7	2.062	6.934

表 4.3 表 4.2 のデータを用い，$y=mx+c$ の最良直線を求めるための表計算

x	y	x^2	xy	y^2	d
1.752	4.998	3.07	8.76	24.98	-0.006
1.799	5.311	3.24	9.55	28.21	0.016
1.820	5.425	3.31	9.88	29.44	-0.001
1.838	5.542	3.38	10.18	30.71	0.006
1.897	5.892	3.60	11.17	34.71	-0.010
1.915	6.007	3.67	11.50	36.08	-0.011
1.949	6.220	3.80	12.12	38.68	-0.009
2.010	6.620	4.04	13.30	43.83	0.014
2.062	6.934	4.25	14.30	48.08	0.000
総和 17.042	52.949	32.35	100.78	314.72	$-1.5\mathrm{E}-14$

n	9	m	6.225
D	0.0829	Δm	0.038
E	0.5159	c	-5.905
F	3.2124	Δc	0.073

著者注* 4.46 式と 4.52 式の理論的な説明は文献(Kittel, 1996)[t4] を参照．

4.46 式から,

$$\ln R = \ln R_0 + \frac{T_0}{T} \tag{4.48}$$

となるから，$1/T$ に対して $\ln R$ をプロットすれば，傾き T_0 の直線になるはずである．まず，温度と抵抗を

$$x = 10^3 \,\mathrm{K}/T, \qquad y = \ln(R/\Omega) \tag{4.49}$$

によって無次元の量とし，測定値から計算した結果を表4.2に，また，これら，x, y と，それらから得られる x^2, xy, y^2, D, E, F, m, c, Δm, Δc といった値が表4.3にまとめてある．計算して確認されたい．

さて，偏差

$$d_i = y_i - (mx_i + c) \tag{4.50}$$

を計算し，それらの和を求めた値が，同じく表4.3に書いてある．理論的にはこの値はゼロとなるはずであるが(練習問題4.6)，非常に小さな値 $-1.5\,\mathrm{E}-14$ (すなわち -1.5×10^{-14}) となっている．これは計算の過程で生じたもので，この程度であればゼロと見なせるが，もし，それほど小さな値でなければ，どこかに誤りがあることになる(**計算のチェックに使える**)．

図4.3に，(x, y) の点と，計算から得られた最良の直線が描いてある．測定値と理論直線の一致は非常によく，実験の範囲内で，4.46式がよく成立していることを示している．図の傾き m より T_0 が得られる．

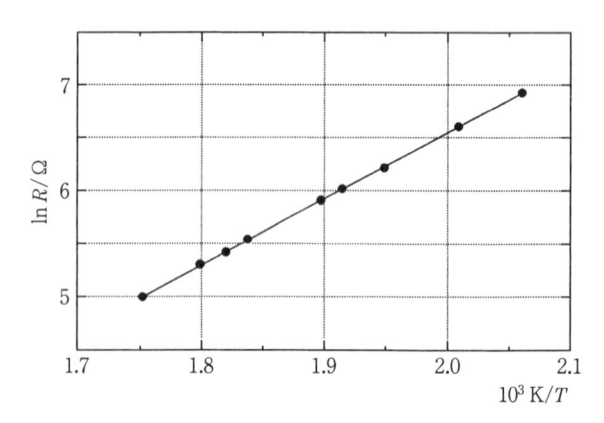

図 4.3 表4.2の値に対する $y = \ln(R/\Omega)$ と $x = 10^3 \,\mathrm{K}/T$ の関係．

$$T_0 = (6230 \pm 40)\,\text{K} \tag{4.51}$$

一方，切片 c は $\ln R_0$ であるが，これは用いたシリコン試料に依存する値であり，ここでは議論しない．

理論から，半導体の価電子帯と伝導帯の間の禁制帯幅(エネルギーギャップ) E_g は，

$$E_g = 2kT_0 \tag{4.52}$$

と表される．ここで，k はボルツマン定数である．4.51 式の T_0 の値と，p.235 の表にある k，電子の素電荷 e の値を用いると，

$$E_g = (1.073 \pm 0.007)\,\text{eV} \tag{4.53}$$

が求まる．これは高純度シリコンの禁制帯幅 1.06 eV に近い値である．

4.3 直線の傾きを簡略に求める方法

計算機がない場合，最小 2 乗法の計算は大変である．以下，簡略に直線の傾きとその標準偏差を求める方法を紹介する．

図 4.4 に示すように，8 個の測定値がプロットされているとする．間隔がほぼ等しくなるように，2 点 $(1,5)$，$(2,6)$，$(3,7)$，$(4,8)$ の組合せで直線を考え，それぞれの傾き m を求める．次に，それらの平均値 $\overline{m}$ を m の最良値として，その標準偏差を通常の方法で求めることにより，$\overline{m} \pm \Delta m$ が得られることになる．もちろん，最小 2 乗法で求めた値からずれる可能性はあり，たとえば，四つの傾きが大きく異なる場合などは注意が必要である．

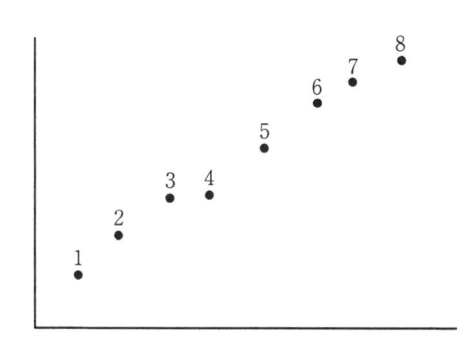

図 4.4 最良直線の傾きを簡便に求める方法

4.4 重み付け

10 回の測定を行い，$x_1, x_2, x_3, \cdots, x_{10}$ という値を得たとする．これらを七つと三つの二組に分けると，それぞれの平均値は

$$z_1 = \frac{1}{7}(x_1 + x_2 + \cdots + x_7) \tag{4.54}$$

$$z_2 = \frac{1}{3}(x_8 + x_9 + x_{10}) \tag{4.55}$$

となる．本来，すべての値の平均値は，

$$\bar{z} = \frac{1}{10}(x_1 + x_2 + x_3 + \cdots + x_{10}) \tag{4.56}$$

であるから，z_1 と z_2 より平均値を求める際は，単に $(z_1 + z_2)/2$ とするのではなく，

$$\bar{z} = \frac{7z_1 + 3z_2}{10} \tag{4.57}$$

とすることが必要である．ここで，7 と 3 という数を z_1 と z_2 の(相対的な)**重みとよぶ**．

以上の結果を一般化すると，重み $w_1, w_2, \cdots, w_N$ をもつ数値の組 $z_1, z_2, \cdots, z_N$ があるとき，それらの最良値は，

$$\bar{z} = \frac{\sum w_i z_i}{\sum w_i} \tag{4.58}$$

と与えられることになる．ここで，すべての w_i を定数倍しても，4.58 式の値は変わらない．したがって，w_i **としては相対的な比だけが重要**なことがわかる．

さて，続いて誤差について考えよう．N 個の z に関する測定値の組があり，それぞれの標準誤差が

$$z_1 \pm \Delta z_1, z_2 \pm \Delta z_2, \cdots, z_N \pm \Delta z_N$$

と求まっていたとき，すべての測定値に対する誤差を得るためには，どう重み付けをすればよいであろうか？　答は，この節の最初の例と同じく，z_i が n_i 個の値の平均であれば，その重み w_i は n_i に比例する．

すべての測定値が，ある標準偏差 σ をもつ一つの分布から取り出された値であると考えると(ここでは σ の値はわからない)，

$$\Delta z_i = \frac{\sigma}{\sqrt{n_i}} \tag{4.59}$$

から，

$$w_i = n_i = \frac{\sigma^2}{(\Delta z_i)^2} \tag{4.60}$$

となる．また，z の標準誤差は，4.59 式において，測定値の総数が $\sum n_i$ となるから，$\sigma/(\sum n_i)^{1/2}$ である．したがって，4.58 式と 4.60 式から，$\bar{z}$ とその標準誤差は，

$$\begin{aligned}
\bar{z} \pm \Delta z &= \frac{(\sum w_i z_i)}{(\sum w_i)} \pm \frac{\sigma}{(\sum n_i)^{\frac{1}{2}}} \\
&= \frac{\sum \frac{\sigma^2}{(\Delta z_i)^2} z_i}{\sum \frac{\sigma^2}{(\Delta z_i)^2}} \pm \frac{\sigma}{\left[\sum \frac{\sigma^2}{(\Delta z_i)^2}\right]^{\frac{1}{2}}} \\
&= \frac{\sum \left(\frac{1}{\Delta z_i}\right)^2 z_i}{\sum \left(\frac{1}{\Delta z_i}\right)^2} \pm \frac{1}{\left[\sum \left(\frac{1}{\Delta z_i^2}\right)\right]^{\frac{1}{2}}}
\end{aligned} \tag{4.61}$$

と書けることになる．σ の値を知らずに始めたが，4.61 式からわかるように，結果は σ によらない．

さて，4.2 節では(あらわには書かなかったが)，重みが等価な場合について，最小 2 乗法で最良の直線を与える問題を考えた．ここでは，その結果を重みがある一般的な場合に拡張しよう．(x_i, y_i) の重みが w_i であるとすると，最小にすべきものは，4.22 式に重みを考慮した．

$$S_w = \sum w_i (y_i - m x_i - c)^2 \tag{4.62}$$

となる．したがって，m と c についての式は

$$m \sum w_i x_i^2 + c \sum w_i x_i = \sum w_i x_i y_i \tag{4.63}$$

$$m \sum w_i x_i + c \sum w_i = \sum w_i y_i \tag{4.64}$$

と表される．m と c，および，それらの標準誤差の表示は，p.52〜53 にまとめてある．重みが等価な場合，必要な値は 4.45 式であったが，今の場合計算に必要なのは，

$$\sum w_i, \quad \sum w_i x_i, \quad \sum w_i y_i, \quad \sum w_i x_i^2, \quad \sum w_i x_i y_i, \quad \sum w_i y_i^2 \tag{4.65}$$

の六つの値である．また，重みが等価な場合の例は表4.3にまとめてあるが，重みがある場合，表4.3の各項目

$$x \quad y \quad x^2 \quad xy \quad y^2 \quad d \tag{4.66}$$

の代わりに，それぞれに重みを付けた値も加わり，

$$x \quad y \quad w \quad wx \quad wy \quad wx^2 \quad wxy \quad wy^2 \quad wd \tag{4.67}$$

となる．m と c が得られた後，

$$w_i d_i = w_i(y_i - mx_i - c) \tag{4.68}$$

により重みのある場合の偏差を計算し，重みのない場合と同様，$\sum w_i d_i$ の値が小さいことを確認して，すべての計算が正しいことをチェックすることができる．

最小2乗法により最良な直線を求める場合の式のまとめ

重みが等価な場合

　一般式

$$y = mx + c$$

$$m = \frac{E}{D} \qquad c = \bar{y} - m\bar{x}$$

$$(\Delta m)^2 \approx \frac{1}{n-2} \frac{\sum d_i^2}{D} = \frac{1}{n-2} \frac{DF - E^2}{D^2}$$

$$(\Delta c)^2 \approx \frac{1}{n-2}\left(\frac{D}{n} + \bar{x}^2\right)\frac{\sum d_i^2}{D} = \frac{1}{n-2}\left(\frac{D}{n} + \bar{x}^2\right)\frac{DF - E^2}{D^2}$$

$$D = \sum x_i^2 - \frac{1}{n}\left(\sum x_i\right)^2$$

$$E = \sum x_i y_i - \frac{1}{n}\sum x_i \sum y_i$$

$$F = \sum y_i^2 - \frac{1}{n}\left(\sum y_i\right)^2$$

$$\bar{x} = \frac{1}{n}\sum x_i \qquad \bar{y} = \frac{1}{n}\sum y_i$$

$$d_i = y_i - mx_i - c$$

原点を通る式

$y = mx$

$m = \dfrac{\sum x_i y_i}{\sum x_i^2}$

$(\Delta m)^2 \approx \dfrac{1}{n-1} \dfrac{\sum d_i^2}{\sum x_i^2} = \dfrac{1}{n-1} \dfrac{\sum x_i^2 \sum y_i^2 - (\sum x_i y_i)^2}{(\sum x_i^2)^2}$

$d_i = y_i - m x_i$

等価でない重みがある場合

一般式

$y = mx + c$

$m = \dfrac{E}{D} \qquad c = \bar{y} - m\bar{x}$

$(\Delta m)^2 \approx \dfrac{1}{n-2} \dfrac{\sum w_i d_i^2}{D} = \dfrac{1}{n-2} \dfrac{DF - E^2}{D^2}$

$(\Delta c)^2 \approx \dfrac{1}{n-2} \left(\dfrac{D}{\sum w_i} + \bar{x}^2 \right) \dfrac{\sum d_i^2}{D} = \dfrac{1}{n-2} \left(\dfrac{D}{\sum w_i} + \bar{x}^2 \right) \dfrac{DF - E^2}{D^2}$

$D = \sum w_i x_i^2 - \dfrac{1}{\sum w_i} (\sum w_i x_i)^2$

$E = \sum w_i x_i y_i - \dfrac{1}{\sum w_i} \sum w_i x_i \sum w_i y_i$

$F = \sum w_i y_i^2 - \dfrac{1}{\sum w_i} (\sum w_i y_i)^2$

$\bar{x} = \dfrac{\sum w_i x_i}{\sum w_i} \qquad \bar{y} = \dfrac{\sum w_i y_i}{\sum w_i}$

$d_i = y_i - m x_i - c$

原点を通る式

$y = mx$

$m = \dfrac{\sum w_i x_i y_i}{\sum w_i x_i^2}$

$(\Delta m)^2 \approx \dfrac{1}{n-1} \dfrac{\sum w_i d_i^2}{\sum w_i x_i^2} = \dfrac{1}{n-1} \dfrac{\sum w_i x_i^2 \sum w_i y_i^2 - (\sum w_i x_i y_i)^2}{(\sum w_i x_i^2)^2}$

$d_i = y_i - m x_i$

練習問題

4.1 $A, B, \cdots$ が独立な測定値であり，Z がこれら物理量に対して以下のような関数形をもつとき，与えられた $A\pm\Delta A, B\pm\Delta B, \cdots$ に対し，$Z\pm\Delta Z$ を求めよ．

a) $Z=A^2$ $A=25\pm 1$

b) $Z=A-2B$ $A=100\pm 3$
                       $B=45\pm 2$

c) $Z=\dfrac{A}{B}(C^2+D^{\frac{3}{2}})$ $A=0.100\pm 0.003$
                                 $B=1.00\pm 0.05$
                                 $C=50.0\pm 0.5$
                                 $D=100\pm 8$

d) $Z=A\ln B$ $A=10.00\pm 0.06$
                      $B=100\pm 2$

e) $Z=1-\dfrac{1}{A}$ $A=50\pm 2$

4.2 直方体の体積 V を，各辺 l_x, l_y, l_z を測定することにより求めることを考える．測定のばらつきから，それぞれの値に，標準誤差 0.01% があるとしたとき，以下の各場合において，V の標準誤差はどうなるか．

a) ばらつきが測定装置の調整や読取りによる誤差であるとき．

b) ばらつきが温度の揺らぎによるとき．

4.3 両端を固定した水平のスチールの棒の中心に，重さ W のおもりをつるし，棒の曲がり具合 y を測定した．測定値の表をもとに以下の問いに答えよ．

W/kg	0	$\frac{1}{2}$	1	$1\frac{1}{2}$	2	$2\frac{1}{2}$	3	$3\frac{1}{2}$	4	$4\frac{1}{2}$
y/μm	1642	1483	1300	1140	948	781	590	426	263	77

a) 測定値をグラフにプロットし，目で見て最良と思える直線を引きなさい．
b) 最小2乗法で最良の直線を求め，傾きとその誤差を示しなさい．また，a) の結果と比較せよ．
c) 4.3節の方法で傾きとその標準誤差を求め，$(\bar{x}, \bar{y})$ を通る直線を引きなさい．その結果を，b) の直線と比較せよ．

4.4 ツェナーダイオードというのは，逆方向電圧がある値 V_z を超えると，抵抗が急激にゼロに落ちてしまう半導体デバイスである．V_z の値は，ダイオードの温度に依存する．V_z 自身は数ボルトのオーダーの大きな値であるが，その温度依存性，dV_z/dT は 20 ℃～80 ℃ の範囲で 1 ℃ あたり数 mV と非常に小さい．測定結果は以下の通りである．

T/℃	V/mV	T/℃	V/mV
24.0	72.5	50.0	139
30.0	93	56.2	156.5
37.6	107	61.0	171
40.0	116	64.6	178
44.1	127	73.0	198.5

a) 温度の測定が正確である場合
b) 電圧の測定が正確である場合

の二通りについて，問題 4.3 と同様の解析を行い，dV_z/dT を比較せよ．

4.5 単独で自由な中性子は原子核の中とは異なり，不安定で，陽子，電子および反ニュートリノに崩壊する．$t=0$ での中性子の数を N_0 個とすると，t 秒後の中性子の数は，$N_0 \exp(-t/\tau)$ と表される．τ は中性子の寿命とよばれる量である．1994 年，Yerozolimsky により与えられた四つの精密な寿命測定の結果は，

年	τ/s	$\Delta\tau/\mathrm{s}$
1989	887.6	3.0
1990	893.5	5.3
1992	888.4	3.3
1993	882.6	2.7

である．寿命の重み付き平均と標準誤差を求めよ．

4.6 最小2乗法で求めた $y=mx+c$ の最良直線において，4.30 式で求めた d_i が以下の式を満たすことを示せ．
$$\sum d_i = 0$$
$$\sum x_i d_i = 0$$

4.7 4.2 節で原点を通る直線の傾き m を最小2乗法で求める方法を学んだ．一方，4.4 節では，$m_i = y_i/x_i$ の重み付き平均を考察する方法を扱った．後者の方法が前者の方法で得られる 4.34 式と同じ結果を与えることを示しなさい．

5 誤差を扱ううえでの常識・大切なこと

【本章のキーワード】
結果に影響する誤差と影響しない誤差　誤差の比較
簡便な誤差の計算法

5.1　誤差の計算の実際

　本章では，これまで学んできたことをもとに，様々な実験結果を解析する際，標準誤差をどう取り扱えばよいかといった問題を，より実用的な例に即して考えてみよう．そのために，まずこれまでの結果を簡単にまとめておく．

　目標とする物理量 Z は，各要素 $A, B, C, \cdots$ などの関数であるが，それらは，直接求められる場合もあれば，直接求めた量をプロットして得られた直線の傾きや切片から求まる場合もある．もし，直接求めたものであれば，最良の値は平均値であり，3章で見た方法で標準誤差が求まる（この章では，測定値の実際の誤差は考えず，「誤差」という言葉を**標準誤差**，すなわち，分布の標準偏差の意味で用いる）．一方，その値が，測定値から得られた直線の傾きや切片であれば，これらの値は，4章で見た最小2乗法などで求められる．最終的に，Z の最良値は，こうした各要素の最良値を Z を定める関数に代入することで得られ，誤差は，各要素の誤差から表4.1や4.17式，4.18式を用いることで得られることになる．

　測定値の数が多い場合，各要素の誤差や，Z の最終誤差を計算するのは，結構，骨の折れる仕事である．したがって，すべての測定値に対して，機械的に標準偏差を計算したり，すべての要素に対して誤差を考え，意味のない桁数まで念入りに計算をしたりするのは得策とはいえない．そこで，**いかにすれば効率よく目標とする物理量を評価することができるか**，というのが本節の課題である．

　さて，誤差を見積もるのは，最終的な結果の重要性を示す尺度を与えるため

である．3.7 節で見たように，誤差を，1/4 よりよい精度で評価し用いるなどということはほとんどない．1/2 程度の誤差を扱うこともしばしばである．ここでは，最終誤差の精度を 1/4 として上に述べた課題を考えてみよう．

a． 各要素の誤差と最終誤差

まず，各要素の誤差を結びつける 4.17 式を見てみよう．各項は 2 乗されているので，誤差が小さい量であることを考えると，ある項は，ほかの項に比べて無視し得ることがしばしば起こる．たとえば，

$$Z = A + B \tag{5.1}$$

の関数形を考え，$\Delta A = 2$，$\Delta B = 1$ とする．このとき，表 4.1 の (i) から，

$$\Delta Z = (2^2 + 1^2)^{\frac{1}{2}} = 2.24 \tag{5.2}$$

が得られる．ΔB は ΔA の 1/2 の値をもつが，ΔB の寄与を無視しても，最終的な誤差は，$\Delta Z \approx \Delta A = 2$ となるだけで，1/8 程度の差しか現れない．Z が数個の要素の和である場合は，もっとも大きな値の 1/2 程度の値をもつ要素を無視すると，無視する要素の数が多い場合は差が出るかもしれないが，1/3 程度の値をもつ要素を無視しても (2 乗すると 1/10 程度になり一桁異なるから)，それほど問題にはならないだろう．

各要素自身の大きさが大きく異なる場合も，同じようなことがいえる．たとえば 5.1 式において，

$A = 100 \pm 6$

$B = 5 \pm ?$ （? は適当な値という意味）

というように，B が A の誤差程度の値であるとする．このとき，B の誤差 (? で書いてある部分) が 3 程度であれば (他方の誤差の 1/2)，その値は B の 60% 程度になるが，最終的な誤差としては無視できる．通常の測定では，これほど誤差が大きくなることもなく，実際問題として，一方を省略してもまったく心配はない．

表 4.1(ii) のような積や商の場合は，誤差自身でなく，相対誤差 ($\Delta A/A$ など) の 2 乗を加え合わせる．この場合，最大の相対誤差の 1/3 程度のものは 2 乗すると 1/10 程度になるので無視できる．

b. 結果に影響する誤差，しない誤差

以上の考察をもとに，各要素の誤差を評価する問題にもどる．ここで，ある量が「影響する」とか「影響しない」というのは，最終的な誤差に目立って影響するかしないかという話である．5.1節 a で見たように，ある量が相対的により正確に求められたり，より大きな量に付加された量であれば，最終的な誤差には影響しないことになる．

さて，もしある量があまり影響しないと考えられる場合，その誤差は，**値が高めに見積もられている限り**，おおまかに扱っておけばよい．「高めに」という条件は，正しい評価をするうえで大切である．しかし，高めに見積もられた誤差が無視できる場合は問題はないが，もし，誤差が小さく見積もられていたら，測定そのものに戻って，もう一度注意深く誤差を評価し直さなければならないことになる．

たとえば，ある物質の重量を測定し，50.3853, 50.3846, 50.3847, 50.3849 g という値が得られたとする．これらの値から，50.3849±0.0003 g という結果が得られるが，0.0003 という誤差の範囲には，四つの測定値のうち三つが含まれており，これは平均値の誤差を高めに見積もっていると考えられる．したがって，この誤差が 5.1節 a のような評価で無視できるとしたら，そのように扱っておけばよいということになる．

c. 離散的な測定値の場合

誤差の評価に「常識」が必要とされるほかの例は，測定値がデジタル値で与えられ，値が装置のもっとも近い値に丸めこまれて，ばらつきがほとんどない場合である．

定規を用いた測定値が，

325, 325, 325, 325.5, 325, 325 mm

という例を考えてみよう．値は 0.5 きざみでしか得られておらず，最大限いえることは，これらの値は，325±0.5 か 325±0.25 かということでしかない[著者注]．

著者注* 実験の状況を考えないと，真面目にこれらの値を計算機に打ち込み，325.08±0.08 という結果を導くかもしれない．

したがって，もしより精密な値と誤差が求められるのであれば，同じような代数的な計算や実験からではなく，たとえば，0.1 mm の値で読み取れるようにするとか，より高い精度をもつ装置を使うことが必要になる．

d. 系統誤差の検討

これまで，偶然誤差を対象として議論を進めてきた．これは，多くの実験においては妥当な取扱いである．つまり系統誤差は，検討して取り除かれているか，偶然誤差に比べて無視できる程度に抑えられていると考えており，計算の中には入ってこないからである．

しかし，**系統誤差が偶然誤差に比べて小さくない場合を検討**してみるのは有用である．系統誤差の値はわからないが，一つの方法としては，個々の系統誤差について標準誤差を用いるのも一つの方法であろう．つまり，真の値が含まれる確率が 2/3 に等しい程度として考えることである(3.6 節参照)．たとえば上限を考え，その半分ぐらいと見積もってもよい(もちろん粗い近似であるが，何もしないよりはよい)．こうして，何らかの形で系統誤差を決めて取り除くと，残りの誤差は，これまでと同様，ランダムで独立であるとして扱うことになる．したがって，仮想的にこうした評価を行うことで，最終的な誤差が，どの程度実際の偶然誤差によっているのか，それとも，系統誤差に依存しているかを検討できることになる．試みてみられたい．

e. 最終的な誤差

系統誤差は可能な限り取り除かれており，偶然誤差は，適当な統計的方法により見積もられているとする．また，ほかの誤差は少し高めに見積もられており(5.1 節 b で扱ったように)，無視できることが確認されているとする．そうすると，最終誤差に影響する残されたいくつかの誤差は，表 4.1 によって合算され，最終的な誤差が得られる．この量は，もし実験が，同一の，あるいは同様の装置を用いて繰り返し行われたときに得ることができる理想的な分布の標準偏差の最良値を表していることになる．このようなときには，これは**再現性**をもった結果であると考えてもよい．

ある実験者は，こうして通常の方法で誤差などを得た後，もしかしたら，含

まれるかもしれない(しかし内容のわかっていない)系統誤差を組み込むため，ある任意の因子だけ誤差を大きく見積もるかもしれない．しかし，これは，決してやってはいけないことである．こうした**主観的な誤差の過大評価をすると，得られた結果を利用できなくしてしまう**．

　誤差は，可能な限り正直に，またあるがままに見積もらなければならない．もし，真の値が誤差の見積もりから何倍も離れていたとして，実験者は，そのことに責任を負わされるかもしれないが，かといってそういうことから逃れるために，適当に誤差の値を2倍，3倍することは決してしてはならない．そうでないと，ほかの実験結果との間の違いや理論と実験の間の正しい差というものがまったく評価できなくなってしまう．

　最終誤差は測定された量の最終値の相対的な割合(何%とか)ではなく，±0.2といったように絶対値として示すのがならわしである(もちろん，割合とかパーセントを付加的に表示するのはしばしば意味があることもあるが)．また，測定した量の最終値や誤差は，同じ数の意味のある桁数にとどめて表すべきである．一般には，重要な誤差は1桁分の数値で示すが，もしこの桁が1とか2であれば，もう1桁加える場合もある．しかし，最終誤差をこれ以上に精度よく求めることはなく，すべての誤差の計算は，1桁，多くとも2桁分の意味のある値に抑えるべきである．

5.2　複雑な関数の簡便な取扱い

　4.18式の $\partial Z/\partial A$ といった量を計算するのは非常に大変な場合がある．例として，ガラスプリズムの屈折率 μ を，プリズムの角度(頂角) A，光の振れ角の最小値 D (一辺から入射し，隣の辺から射出する光の入射軸方向からのずれは，入射，射出の方向が，両辺が挟む頂角の二等分線に対し対称なとき最小となる)を測定することで求める実験を考える．これらの値の間には，

$$\mu = \frac{\sin\frac{1}{2}(A+D)}{\sin\frac{1}{2}A} \tag{5.3}$$

の関係がある．また，誤差は，

$$(\Delta\mu)^2 = (\Delta\mu_A)^2 + (\Delta\mu_D)^2 \tag{5.4}$$

ここで，$\Delta\mu_A$ は ΔA による μ の誤差で

$$\Delta\mu_A = \left(\frac{\partial\mu}{\partial A}\right)\Delta A \tag{5.5}$$

と与えられる．$\Delta\mu_D$ についても同様である．各偏微分の結果は，

$$\frac{\partial\mu}{\partial A} = \frac{1}{2}\frac{\cos\frac{1}{2}(A+D)}{\sin\frac{1}{2}A} - \frac{1}{2}\frac{\sin\frac{1}{2}(A+D)}{\sin\frac{1}{2}A\tan\frac{1}{2}A} \tag{5.6}$$

$$\frac{\partial\mu}{\partial D} = \frac{1}{2}\frac{\cos\frac{1}{2}(A+D)}{\sin\frac{1}{2}A} \tag{5.7}$$

となる．これらの式の計算は，$A=\bar{A}$, $D=\bar{D}$ における値を用いて行われる．ここで，角度はラジアンを単位とすることに注意が必要である．

この式を導き用いる計算はかなり大変であるが，じつは，より早く答えを得る方法がある．まず，$\Delta\mu_A$ の重要性を考慮する．この量は，D を一定として，A が ΔA だけ変化したときの μ の変化分である．したがって，5.6式の代わりに，5.3式から，まず最初に $A=\bar{A}$, $D=\bar{D}$ に対する値，次に，$A=\bar{A}+\Delta A$, $D=\bar{D}$ に対する値を計算すれば，両者の差が $\Delta\mu_A$ として求まることになる．同じように，$\Delta\mu_D$ についても $A=\bar{A}$, $D=\bar{D}+\Delta D$ に対する値を計算す

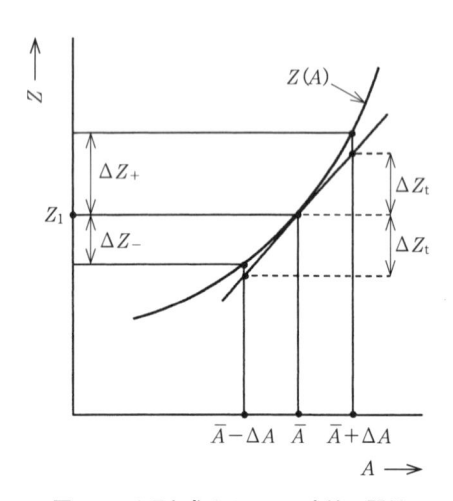

図 5.1 ΔZ を求める二つの方法の関係

ればよい．それで結果が得られる．すべては sin 関数であり，5.6 式や 5.7 式を求める場合のような，あやまちを犯しそうな複雑な計算は必要でなく，また ΔA や ΔD をラジアンに変更する必要もない（なんと簡単か！）．

この方法は，先に述べた厳密な方法に比べて非常に早く計算できるが，通常これら二つの方法は同じ結果を与える．もしそうでなければ，じつは，厳密な方法のほうが間違っている．そのことを見てみよう．図 5.1 は，$Z = Z(A)$ の関係を二つの方法について示すものである．

A の最良値は $\bar{A}$ で，対応するのは Z_1．また，厳密な式により得られる誤差 ΔZ_1 は，Z_1 における曲線の傾き（接線）を計算して求められる．一方，簡単な方法から $\bar{A} + \Delta A$ を用いて直接得られるのは，ΔZ_+ である．同じように，$\bar{A} - \Delta A$ を用いて，ΔZ_- が求められる．

関数 $Z(A)$ の曲がり方は，通常，$\bar{A} + \Delta A$ の範囲では，図 5.1 にあるほどには大きくはない．この場合，ΔZ_1 と ΔZ_+，ΔZ_- の間の差も小さくなり無視できる．もちろん，もし曲線の曲がり具合が問題になる場合には，単一の値では不十分で，

$$Z = Z_1 \begin{array}{l} + \Delta Z_+ \\ - \Delta Z_- \end{array}$$

と表す必要がある．ただ，こうしたことが必要になる場合はほとんどなく，通常は，A による Z の誤差は，ほかの値を定数と考えて，$\bar{A}$ と $\bar{A} + \Delta A$ における Z の値を計算することで簡単に求められる．

5.3 誤差と実験

最終値 Z が二つの測定値に対して，$Z = AB$ とか $Z = A/B$ といった関数形をもつとき，A または B の $x\%$ の誤差は，そのまま Z に $x\%$ の誤差として影響を及ぼす．したがって，A，B の大きさに関係なく両者を同じ精度で測定する必要がある．しかし，もし $Z = A + B$，$Z = A - B$ といった関数形であると状況はまったく異なる．つまり，取扱いは A と B の大きさに依存してくる．この点を次の例で見てみよう．

例1 　　　　$A = 10\,000 \pm 1$
　　　　　　$B = 100 \pm 5$
　　　　　　$Z = A + B = 10\,100 \pm 5$

ここで，A は厳密に知られている大きな量であるとする．B は，5％の誤差で測定されたものであるが，最終的に Z の誤差は，0.05％となっている．したがって，まず，大きくても精密に求められている(誤差の少ない)A から考慮し，B の方は，必要な量を得るために付加的な小さな値として検討すればよい．

　もう一つの例を見てみよう．

例2　　　　$A = 100 \pm 2$
　　　　　　$B = 96 \pm 2$
　　　　　　$Z = A - B = 4 \pm 3$

この場合，二つの要素の測定値は2％の誤差だが，Z は75％もの誤差になっている．この例に見られるように，独立に求められた非常に近い値というのは，本質的に適当ではなく，最終的な誤差が拡大される．したがって，もし可能なら，Z を測定するためのまったく異なる方法を検討するべきである．

　続く二つの章で，これら二つの例で見られた特徴を考慮した実験を行う装置について述べる．そこで，誤差を考慮することが実験方法に直接影響を与えるものである，ということがわかるだろう．

　次に，$Z = A/B$ の関係をもった量を測定すると考える．結果として，

　　$A = 1000 \pm 20$　　　$B = 10 \pm 1$

が得られたとする．

$$\frac{\Delta A}{A} = 2\,\%　　　　\frac{\Delta B}{B} = 10\,\%$$

だから，

$$\frac{\Delta Z}{Z} = (2^2 + 10^2)^{\frac{1}{2}} = 10.2\,\%$$

と求まる．A および B の誤差を1/2に減らすことができたとすると，

$$\frac{\Delta A}{A} = 1\,\%　により　\frac{\Delta Z}{Z} = (1^2 + 10^2)^{\frac{1}{2}} = 10.0\,\%$$

$$\frac{\Delta B}{B}=5\% \quad \text{により} \quad \frac{\Delta Z}{Z}=(2^2+5^2)^{\frac{1}{2}}=5.4\%$$

が得られる．A の誤差の改良では，最終的な値はほとんど変化しないが，B の誤差を改善すると，最終的な値も，ほぼ同じ 1/2 だけ改善されている．したがって，われわれは**最終的な値に大きく影響する量について考慮するべき**であることがわかる．

一般的に，最終的な結果において，どの量もほかの量に比べて特別大きな誤差を与えないような実験を心がけるべきである．上の例でいえば，A を犠牲にしても，B の測定に集中することが大切である．すなわち，**実験を計画する際には，もっとも大きく影響する誤差をできる限り小さくする**ことを心がけるべきである．

誤差の扱いのまとめ

方針

最終的な誤差にもっとも影響を及ぼす量を確認し，その量の測定を繰り返すか，異なる方法を用いるなどして，できる限りその量の誤差を減らすこと．

計算

最終結果の誤差の精度が 1/4 ほどによければ，それは，通常妥当である．そのとき，誤差の計算は，1桁，または多くとも2桁分の値に対してなされるべきである．

最終誤差への寄与がもっとも大きな値の 1/3 より小さな誤差は，すべて無視し，残った誤差を組み合わせなさい．

最終誤差は，要素の中で影響がもっとも大きな誤差に等しいかそれよりも大きい(もちろん，小さくなることはない)．しかし，それは，通常ほんの少し大きいだけであり，あまりに大きな場合は，計算に間違いがある．

最終結果

結果と誤差は，同じ桁数で表しなさい．また，誤差の割合や％表示

を加えることも，しばしば，役に立つものである．

系統誤差

以上のことは，偶然誤差に対するものである．系統誤差とその上限について何かしらコメントしておきなさい．

練 習 問 題

5.1 質量 M，各辺の長さが a, b, c の直方体の真ちゅうの固まりがある．ab 面の中心を通り，その面に垂直な軸の周りの慣性モーメント I は

$$I = \frac{M}{12}(a^2+b^2)$$

次のような測定結果が得られた場合，

a) 密度 ρ, b) 慣性モーメントの標準誤差を％表示で求めよ．

$M = 135.0 \pm 0.1$ g $a = 80 \pm 1$ mm
$b = 10 \pm 1$ mm $c = 20.00 \pm 0.01$ mm

5.2 半径 r, 長さ l のねじれ棒の一端が固定してあり，他端にモーメント C を加える．このとき棒が曲がる角度 ϕ は

$$\phi = \frac{2lC}{n\pi r^4}$$

と与えられる．$\phi/C = 4.00 \pm 0.12$ rad N^{-1} m^{-1}, $r = 1.00 \pm 0.02$ mm, $l = 500 \pm 1$ mm のとき，n とその標準誤差を求めよ．

5.3 Kater の振り子で重力加速度 g を求める場合の式は，

$$\frac{8\pi^2}{g} = \frac{T_1^2 + T_2^2}{H} + \frac{T_1^2 - T_2^2}{h_1 - h_2}$$

である．ここで，T_1 は二つのナイフエッジの一方の周期，h_1 はナイフエッジから振り子の重心までの距離，T_2 と h_2 は，もう一方のナイフエッジの対応する値である．また，$H = h_1 + h_2$ はナイフエッジの間の距離で，直接測定される．以下の値をもとに，g とその標準誤差を求めよ．

$T_1 = 2.004\,28 \pm 0.000\,05$ s $T_2 = 2.002\,29 \pm 0.000\,05$ s

$h_1 = 0.700 \pm 0.001$ m $h_2 = 0.300 \pm 0.001$ m

$H = 1.000\,00 \pm 0.000\,04$ m

5.4 以下の測定値をもとにガラスプリズムの屈折率の値と標準誤差を求めよ．

プリズムの角度 $A = 60°18' \pm 10'$

最小偏角 $D = 35°46' \pm 20'$

5.5 細く絞られた単一エネルギーをもつ強度 I_0 の γ 線を物質に当てて透過させたとき，通過した厚さ x と，その点における強度 I の関係は，

$I = I_0 \exp(-\mu x)$

と書ける．ここで，μ は減衰係数とよばれる．1 MeV の γ 線を鉛に照射したときの実験値を以下にまとめてある．μ の値と標準誤差を求めよ．

$I = (0.926 \pm 0.010) \times 10^{10}$ γ-rays m^{-2}s^{-1}

$I_0 = (2.026 \pm 0.012) \times 10^{10}$ γ-rays m^{-2}s^{-1}

$x = (10.00 \pm 0.02)$ mm

5.6 中性子が結晶で反射するとき，中性子の波長を λ，結晶の反射面の面間隔を d，中性子の入射角（反射角）を θ，n を整数として，$n\lambda = 2d\sin\theta$（ブラッグの式）と書ける．n, d がわかっているとき θ を測定することで，λ，したがって，中性子の運動エネルギー E を求めることができる．$\theta = 11°18' \pm 9'$ のとき，E の誤差を $\Delta E / E$ の形で求めよ．

5.7 音さの振動数 f は，ヤング率 E，音さの長さ L を用いて，$f \propto \sqrt{(EL)}$ と書ける．温度が 10 K 上がると，振動数は (0.250 ± 0.002)% 低くなり，ヤング率は (0.520 ± 0.003)% 下がった．線膨張率 α（温度変化にこの値をかけると延び率になる）とその標準誤差を求めよ．この実験は，線膨張率を求めるのに適した実験といえるだろうか？

第二部　実験を行うときに考えること

6 実験器具と方法

【本章のキーワード】
計測の基本　較正　長さ測定　周波数測定
フィードバックとサーボ回路　各種雑音について

6.1 はじめに

　この章では計測を行う際に役立つ，いくつかの一般的原理について考える．これらの原理を心に留めて，まず，計測法を正しく選択し，そして，その手法を正確にあるいは再現性よく行うことで，これを最大限に活用するようにされたい．また，2章で学んだ「系統誤差」を実験から取り除くことが非常に大切である．

　ここでは，特定の実験器具や手法を例に取り上げながら，様々な要点を説明する．題材はいくつかの異なる分野から選んでいるが，それは，系統的でも完全に網羅したものでもない．しかし，それぞれの場合にどのように原理が用いられているかを学ぶことにより，必ずほかの場合にも適用することができるようになるはずである．もちろん，実験室での経験に勝るものはないが，考えることをせずに経験だけ積んでも，それは何の役にも立たない．選択した手法を題材として注意深く考え，**計測の本質に対する理解を深める**ことで，経験をより実のあるものにしよう．

6.2 定規

　最初にもっとも単純な計測機器といえる定規について考える．その長所は安く使い勝手のよいことであり，1/5 mm 程度の精度があるが，定規を使って高い精度を得るためには，以下に述べるような誤差が入り込まないように注意する必要がある．

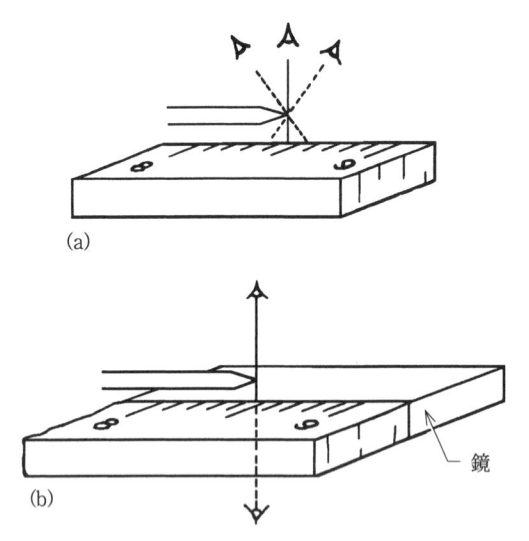

図 6.1 視差．(a)観察する目の位置をどこに置くかで読取り値が変化する．(b)定規の側に鏡を置けば，目の位置が定規に垂直かどうかが判断できる．

a．視差による誤差(parallax error)

　測定対象物と目盛りの間に隙間があったり，視線が定規に対して垂直でない場合(図6.1(a))，読取り値は不正確になる．これは**視差(parallax)**とよばれ，定規だけでなく目盛り上を指針が動くようなすべての装置において起こり得る．視差を軽減するには，まず，対象物や指針をできるだけ目盛りに近づけること，また，鏡を目盛りの隣に置いて(図6.1(b))，鏡に映る目の像を対象物と位置合わせし，視線がまっすぐかどうかを判断することなどが有効である．

b．ゼロ点誤差(zero error)

　物の長さをはかる場合，粗い計測で用が足りる場合は別として，定規の端を対象物の一方の端に合わせ，もう一端の位置の目盛りを読み取るのはよくない(図6.2(a))．それより，対象物は図6.2(b)のように両端を定規の端以外の目盛りを用いて読み取り，それらの差として求めるのがよい．これは，定規の端はすり減って，ゼロ点の位置が不正確な場合があるからである．一般に，**どんな装置でもゼロ点は疑うべき**であり，普通はここで述べたような単純な引き算

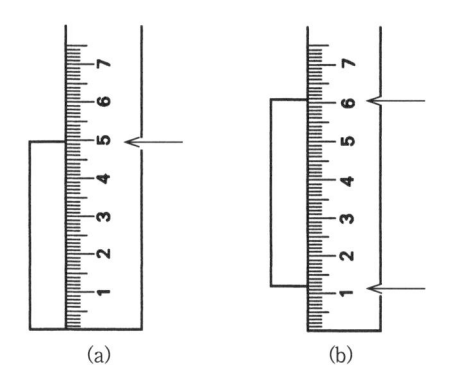

図 6.2 物体のはかり方．(a)は悪い例で，定規の端がすり減っていれば正確な値がはかれない．(b)のように定規の中央部で両端の目盛りを読み取るのがよい．

法で避けることができる．

c．較正(calibration)

定規の目盛りの位置は不正確かもしれず，**較正**する必要がある．簡単に行う方法は，もっと正確な標準定規を横に並べて読取り値を比較すればよい．

重要なのは，**こうした手続きが必要となる理由を理解すること**である．通常の定規の価格が安いのは，その材料である木材が安いからであり，目盛りは細心の注意を払って刻まれているわけではない．この二つのことはお互いに関係がある．すなわち，長さが時間により変化しやすい木製定規に正確な目盛りを刻んでも意味がないからである．

20人の実験者が，500 mmの長さを1/10 mmの精度で測定するとする．全員にこの精度で目盛りが刻まれたスチール製の定規を与えることもできる．しかし，そのような定規は1/2 mm程度の精度をもつ木製のものに比べると遙かに高価である(プラスティック製の定規はもっと精度が悪く，1％ほどの誤差がある)．一方，各自に一本ずつ普通の定規を与え，たった一本の高価な標準器を準備すれば，この方が安あがりであり，皆が忘れずに較正をすれば，求められる精度で測定を行うことができる．したがって，

　　(多くの安価な装置)＋(一本の高価な標準器)＋(較正)

が，もっとも賢明な方法といえる．

もしある特定の実験において，定規の一部分だけを使うのであれば，標準器との比較による較正はその部分に対して注意深く行えばよい．使わない部分が正しくなくても問題ない．実際には，定規の一部分がほかの部分と比べてその正確さに差があることはないだろうが，**較正は実際に用いる部分に対して集中的に行うのが一般的な原則である**．

6.3 マイクロメーター

この機器は，測定物を挟んではかるので，幅や太さなど外径の寸法に限られるが，1 μm〜100 mm の大きさのものまで測定することができる．典型的なマイクロメーターを図 6.3 に示す．はかりたいものの片側を E 面に接触させ，F 面を移動させて，E〜F で挟まれた幅を測定する．支軸には 1 mm に対してネジ山が二つ刻まれており，金属筒 T を一回転させると支軸の端面である F がネジ山一つ分(500 μm)移動するようになっている．この機器は 10 μm まで簡単に読むことができて，定規の 20 倍以上の正確さがある．よいものになると，1 μm まで読み取れる．

以下に，いくつかの要点を述べる．

a) 高精度が得られるのは，ネジの機構の仕組みを用いて，F 面の直線の動きを回転操作で精密に制御できるというきわめて優れた方法による．

b) 金属筒 T は本体ではなく端のつまみ C にトルク(回転の力)を与えて回転させる．F 面が測定物に当たったときの金属筒に加える力の個人差は，C に加えられた力が一定の標準トルクに達すると F 面の動きがすべって止まるという機構で，さらにつまみをまわしても読みには影響しなくなる．こうして，最後の読み値は，F 面が標準的な圧力を測定物に対して与えた

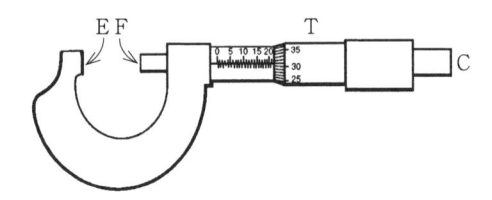

図 6.3 マイクロメーター．E と F の間に測定物を挟み，ネジ C をまわして EF 両面を測定物に押し当てて値を読み取る．

ときの値になる．

c) この機器は，6.2 節で述べたゼロ点誤差を生じやすいので，測定時には必ず F 面を E 面に当てて，その値を確認する必要がある．

d) ゼロ点誤差以外の目盛りのチェックは，長方形で高品質の焼入れ鋼からなる，ゲージブロックとよばれる標準器を用いる．このブロックの端面は平坦で互いに平行で，これらの間の距離は 0.1 μm の精度でブロック面に刻印されている．

6.4　長さの測定 1―方法の選択―

6.2 節，6.3 節で二種類の**長さ測定法**について述べてきた．本節では，それ以上詳細には立ち入らないが，代わりに一般的な長さ測定に伴う問題点を見てみよう．

みなさんはこれまで考えたことがなく，不思議に思う人が多いかもしれないが，まず，**長さの意味するところ**を決めなくてはならない．光速度より小さな速度をもつものや，実験室から地球～太陽間の距離スケールで観測可能な値，つまり 10^{-8} m から 10^{11} m の長さについては，よく知っているとおりである．しかし，光速度と同程度の速度をもつものを対象にしたり，原子や素粒子などの小さなもの，あるいは星や銀河のような距離まで考えると，長さや距離が一体何を意味するのかを考えることが必要になるのである．というのも，原子核や，星までの距離に定規を当てることは不可能で，実際は，もし定規で計測したり，または，それに代わる実験をしたら，結果はこんな長さであった，あるいは，ある一定距離離れていた，ということを述べているにすぎないからである．

こうした定義は，ときとして，われわれが通常接している常識とはかけ離れた長さや距離の概念につながることもある（たとえば空間が曲がっていたり，長さが縮んでいたり）．しかし，常識的な概念というのは，じつは実際に見たり考えたりしているきわめて限られた範囲における話であり，対象となる範囲が広がって常識的な考えが成り立たなくなっても，そんなに驚くことではない．

極端な状況における定義や計測に関する問題は本書の範疇ではないので，こ

こでは常識的な考えが成立する範囲内で議論を進めることにするが，もちろん，議論をもっと一般に拡張しても問題はない．大切なのは，すべての計測において（あらわにはなっていないにしても），ここで述べたように，**はかられる量にはそれぞれ明確な定義がある**，ということをつねに心に留めておくことである．

さて，測定範囲を1μmから1mに限っても，最適な計測装置を選ばなければならない．**どの装置を用いるかを決めるには，以下のような点を考慮する必要がある．**

a) **測定したい長さはどんなものなのか？** たとえば，二点間の距離なのか，棒や板の幅なのか，あるいは穴や棒の直径なのか，といったこと．

b) **おおよその長さはどのくらいか？**

c) **要求される精度はどのくらいか？**

表 6.1 測長用器具とその応用例

計測装置	計測範囲/m	精度/μm	適用性
定規	1	200	一般的
ノギス	0.1	50	外径，内径，穴の深さなど多様な用途
カセトメーター	1	10	一般的
マイクロメーター	0.1	2	外径
移動顕微鏡	0.2	1	一般的

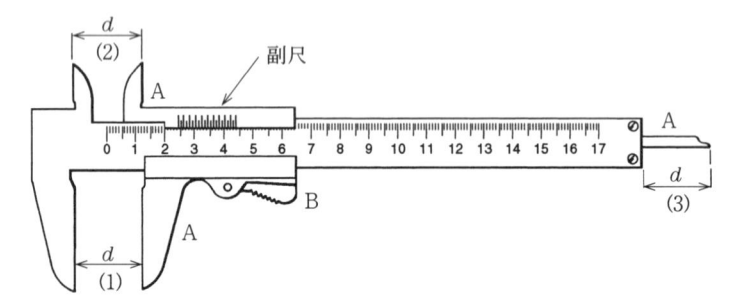

図 6.4 ノギス．Aで示される三つの部分は一体となっており，ボタンBを押すと，目盛りが刻まれた軸に沿って動かすことができる．d で示された三つの長さは等しく，副尺により正確な値を読むことができる．これらにより，(1) 外径測定，(2) 内径測定，(3) 穴の深さの測定が可能である．

表 6.1 に，上記測定範囲で使用可能な五つの装置を，およその測定範囲と精度，および測定対象と合わせて，例としてあげてある．ノギスは図 6.4 に示してあり，カセトメーターとは，目盛りの付いた台の上をすべらせることができる構造をもつ望遠鏡である．また，移動顕微鏡とは，長さをはかりたい対象の二つの場所に焦点を合わせて観察したとき，レンズを移動させた距離をネジの回転量から計測する装置である（この装置は，可動部分のがたつきにより生じる**バックラッシュ**とよばれる誤差がつきものである．これは，ネジをまわしても可動部が動かない範囲があることによるもので，したがって，計測量はレンズ部分を動かす方向に依存する．使用する際，いつも同じ方向に動かすようにセットして測定するとこの誤差は回避できる）．

最適な装置を選ぶと，その装置を用いて「**正しい測定を行う**」ことが次の課題になる．「この円柱の棒は直径 d mm である」といえばそれで話は終わるが，実際には「その棒は本当に円柱なのか」，正確には，「**その棒は，どのくらいの精度で円柱といえるのか**」を確かめる必要がある．したがって，棒の長さに沿ったある点で，円形になっているかを調べるため，様々な方向から直径を測定し，そして，棒に沿った異なる場所で，同様の測定を繰り返すことが必要になる．もちろん，ほかの場合と同様，**どこまで完全さを要求するかは，測定の目的によって決まる**．そのほか，棒の長さをはかる前には，両端が平行であるかどうかを確認しておかなければならない．

最後に，どうすれば計測精度を改善したり，長さの計測範囲を拡張することができるかについて少し触れておく．精度については，光の干渉効果を利用することが多い．計測可能な範囲を微視的な世界に広げるには，可視光，X 線，電子線，中性子線などの波を用いると，その波長に応じて，より短い長さのものを測定することが可能になる．また，長さの変化をはかるほかの方法としては，薄板の間の容量を測定する方法がある (Sydenham, 1985)[†5]（二枚の金属板を向き合わせると，その間に形成される容量は，距離に反比例する）．一方，大きな方の長さについては，たとえば，三角測量がある．さらに宇宙規模になると，間接的で，また精度は場合によるが，星のみかけの明るさから，星や銀河までの距離を知ることができる (Pasachoff ら，1994)[†6]．

科学者はどんなことでも利用する．知りたいと思う距離に関係する現象を探

し出し(たとえば，上で述べた星の明るさと距離の関係など)，**その測定にもっともふさわしい測定範囲・精度をもつ装置を選択**して，実験を行うのである．

6.5 長さの測定 2—温度の影響—

長さの精密な測定においては，必ず，温度による物質の膨張を考慮しなければならない．まずは測定対象物自体の熱膨張である．たとえば，液体水素温度(20 K)でのパイプの長さを知りたいとき，もし測定が室温でなされたなら，温度が下がることでパイプが短縮する効果を考慮する必要がある．この場合，正確に求めるには，線膨張率は温度に依存するので，室温から 20 K までの各温度での膨張率を知る必要がある．

次に，計測器の熱膨張についても考慮する必要がある．たとえば，ゲージブロック(6.3節(d))を用いて較正する場合も公証値からのずれの温度依存性を考えなければならない．

表 6.2 にいくつかの材料の線膨張率 α を示してある．数値は概算値であり室温(293 K)のものである．インバーは，ニッケルを 36 % 含む鉄合金であるが，室温での線膨張係数がもっとも小さいので，熱の影響を最小限にするような用途に用いられる．より高温では α の値は増加する．石英ガラス(パイレックス)は 1300 K までの高温にわたって熱膨張しにくい物質で，さらに形状の安定性もきわめて高い．そのため，形状を精密に定義する場合や温度によって変化してはならない場合などの精密な測定によく用いられる．

表 6.2 代表的な物質の線膨張率 α の値

物　質	$\alpha/10^{-6}\mathrm{K}^{-1}$
銅	17
真ちゅう	19
鋼鉄	11
インバー	1
ソーダガラス	9
パイレックス	3
溶融石英	0.5
木材—木目に沿った方向	4
木目に垂直な方向	50

表の実際の値に注目すると，ほとんどの物質の α は $5\sim25\times10^{-6}\,\mathrm{K}^{-1}$ の値を取っている．典型的な値として $10^{-5}\,\mathrm{K}^{-1}$ を用いると，$10\,\mathrm{K}$ の変化により $10\,000$ 分の $1(1\,\mathrm{m}$ のものが $0.1\,\mathrm{mm})$ 変化することになる．

実験ではこうした数値に対するだいたいの感覚を身に付けておくことが大切である．さもないと，たとえば，温度の影響を考慮せずに解析を済ませてしまい，重要な間違いを犯すことにもなる．しかし，測定のたびにこのような補正をすることは時間の無駄であり，測定の精度を上げていく過程において，どの時点でこれらの効果を考慮するかが重要である．たとえば，$10\,\mathrm{K}$ 以下の温度変化では，10^{-4} の精度の測定をしない限りは温度の効果を考える必要はない．

6.6 周波数測定におけるうなり

a. うなり

振幅 A は同じで周波数 (f_1, f_2) が少し異なる2種類の正弦波を考える．この波は，機械振動でも，発信回路の容量の両端にかかる電圧でも，何でもよい．このとき正弦波は次のように表すことができる．

$$y_1 = A\cos 2\pi f_1 t, \qquad y_2 = A\cos 2\pi f_2 t \tag{6.1}$$

正弦波の様子は図 6.5(a)，(b) に示してある．この波を足し合わせると，

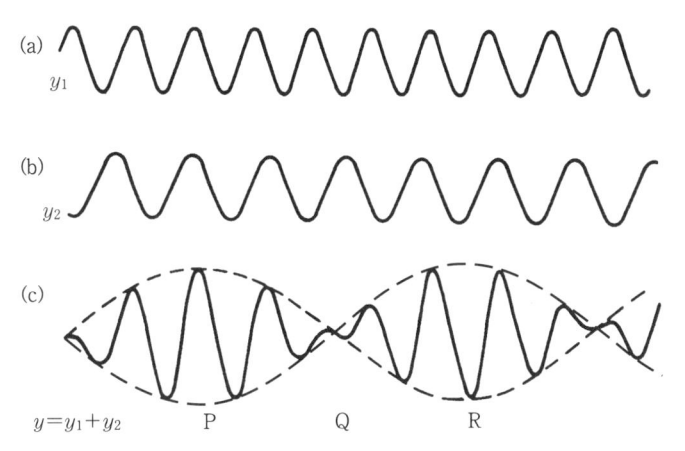

図 6.5 波の合成図．少しだけ波長の異なる信号 y_1 と y_2 を合成すると (c) のようなうなりを生じる．

$$y = y_1 + y_2 = A(\cos 2\pi f_1 t + \cos 2\pi f_2 t)$$
$$= 2A \cos 2\pi \frac{f_1 - f_2}{2} t \cos 2\pi \frac{f_1 + f_2}{2} t \tag{6.2}$$

となるが，今 f_1 と f_2 は近い値なので，

$$f_1 - f_2 \ll f_1 + f_2 \tag{6.3}$$

と考えられる．そうすると 6.2 式は $\cos 2\pi \frac{f_1 + f_2}{2} t$ に対応する速い振動(図(c)の太線の振動)が，$\cos 2\pi \frac{f_1 - f_2}{2} t$ に対応する遅い周波数(図(c)の包絡線)でゆっくりと変化している様子を表すことになる．P という時間では，二つの波の位相は合っており，加えた結果として大きな値となる．周波数が少し異なるので，徐々に位相がずれ時間 Q で完全に位相が逆転し加えるとゼロとなる．R では再び位相が合って振幅が増加する．このように合成した結果が増加したり減少したりする現象を**うなり(beat)**といい，その周波数を**うなり周波数**とよぶ．

二つの波の間で一周期ずれると最大値が一つできる．図 6.5(c) において点線で示されている波の周波数は，$(f_1 - f_2)/2$ であるが，その一周期の中に，上で述べたように最大値が 2 回存在するので(P と R)，うなりの周波数 f_b は点線の波の周波数の 2 倍になり，次の重要な式が得られる．

$$f_b = f_1 - f_2 \tag{6.4}$$

b. 周波数の測定

うなり現象はとくに電磁波の周波数 f を精密に測定するために用いられる．既知の周波数 f_0 と測定したい周波数を混ぜ，そのうなり周波数 f_b を測定することにより，次のように求められる．

$$f = f_0 \pm f_b \tag{6.5}$$

ここで ± が現われるのは，式(6.4)の右辺が一般に絶対値として与えられることによる．

f に近い基準周波数 f_0 があれば正確さは増す．このときうなりの周波数はきわめて小さな値をもつので，測定は容易で，f を精密に求めることができる．これは 5.3 節の第一の例に対応している．たとえば，$f_0 = 1\,\mathrm{MHz}$，$f_b = 500 \pm 5\,\mathrm{Hz}$ とすると，

$$f_0 = 1\,000\,000 \text{ Hz}, \quad f_b = 500 \pm 5 \text{ Hz}$$
$$f = 1\,000\,500 \pm 5 \text{ Hz} \tag{6.6}$$

となる．つまり，f_b を1％の精度で求めると，f は 0.000 5％ の精度で測定できる．

f_b は，図 6.5(c) の y の値から，プラスの包絡線に対応する信号を測定すればよい．この方法は**検波**あるいは**復調**とよばれている (Horowitz, Hill, 1989)[†7]．信号の周波数は信号をパルスに変換しこれを数えることで測定可能である．

さて今，6.6 式を求めるのに 6.5 式のプラスの符号の場合を考えたが，どうやれば符号は決められるだろうか？　一つは f が f_0 より大きいか小さいかを近似的に測定すればよい．今の場合，$f_0 = 1$ MHz に対して $f_b = 500$ Hz の変化を見ることができればよいので，$0.05\%\,(500/1\,000\,000)$ の精度で測定できれば可能である．あるいは f_0 の値を少しずつ変化させ，f_b が増加するか減少するかを確かめればよい．

6.7　負帰還増幅器

a．負帰還の原理

ある増幅器に V_i を入力すると V_o が出力されるとする．
$$V_o = \alpha V_i \tag{6.7}$$
α は定数で増幅器固有の増幅率である．ここでは増幅器の中身は考えず，図 6.6 のように入力と出力端子があるとする．今，V_s という電圧を増幅したいが，直接入力端子に入れるのではなく，出力電圧 V_o の一部 (βV_o) を差し引い

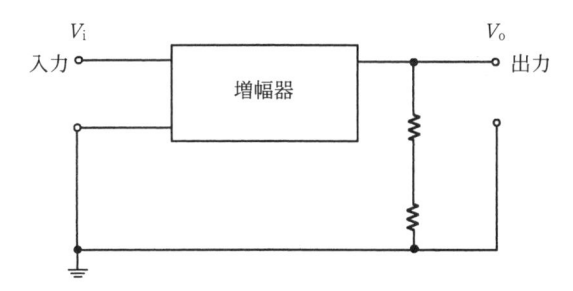

図 6.6　増幅器．左から信号が入力し，右側に出力される．

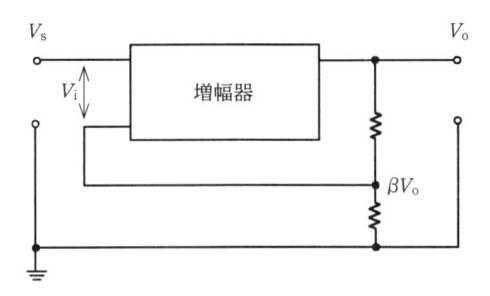

図 6.7 負性帰還を有する増幅器．

た値を入力するとする．入力電圧を出力に依存させた値だけ差し引く方法を**負帰還(negative feedback)**とよぶ．図6.7ではその概念をわかりやすく説明するために，帰還(フィードバック)信号は単純な抵抗の組合せから得ている．

そうすると，
$$V_i = V_s - \beta V_o \tag{6.8}$$
より，
$$V_o = \alpha V_i = \alpha(V_s - \beta V_o) \tag{6.9}$$
よって，
$$\frac{V_o}{V_s} = \frac{\alpha}{(1+\alpha\beta)} \tag{6.10}$$

したがって，α, β が正の値であるので，結果として増幅率は α よりも小さくなる．

さて，以上の結果から何がいえるだろうか？　ここで，α と β の積が1よりずっと大きい場合を考えてみよう．その場合，分母の1は無視できて，増幅率は $1/\beta$ となる．つまり「正味の増幅率は増幅器の固有の増幅率 α の値にはよらず，帰還率 β のみに依存する」のである．

b. 負帰還法の長所

（ⅰ）増幅率の安定化

まず，全体の増幅率が供給電源の変動や増幅器部品に関係しないことがあげられる．α の値は，電源電圧の変化などや増幅器の構成部品(抵抗, コンデンサ, トランジスタなど)の少しの変化により変動する．しかし，β の値は用い

た一対の標準抵抗(値が既知)の比から計算で精密に決めることができて，β がすべての増幅器で一定であれば，増幅率はすべて等しくなる．すなわち，上で見たように，負帰還が増幅率を低下させることは，α によらない増幅率がいとも簡単に得られることを考えると，決して短所ではない．

最初に，直感的になぜ増幅率が α によらないかを考えてみよう．増幅器が，α，β，V_S のある値で動いているとする．そうすると，V_o と V_i は 6.10 式と 6.8 式で与えられる．もし何らかの理由で α が低下すると，V_o も低下し，帰還電圧 βV_o が減少するが，これにより V_i は増加する．そうすると，V_o はこうした仕組みがないときに比べ，あまり減少しないことになる．

次に実際に数値を当てはめてみよう．

$$\alpha = 20\,000, \quad \beta = \frac{1}{100} \tag{6.11}$$

とすると，正味の増幅率は，

$$\frac{20\,000}{1+200} = 99.50 \tag{6.12}$$

となる．今，α が 10 000 に下がったとすると，増幅率は

$$\frac{10\,000}{1+100} = 99.01 \tag{6.13}$$

となり，α が 2 倍も変わったのに，増幅率は 0.5 % しか変化しないことがわかる．

（ⅱ） 周波数応答の向上

正弦波の入力を考える．大抵の増幅器はコンデンサを用いているので増幅率には周波数依存性がある．一方，今の場合，帰還電圧として抵抗分割回路を用いることで，β は周波数依存性をもたず，その結果，最終的な増幅率も周波数にはよらなくなる．

ハイファイオーディオアンプではきわめて強い負帰還が使われており，広い周波数の音とその高調波成分が等しく増幅されるようになっている．これは，オーディオという目的から，もとの音色を忠実に再現するために非常に重要なことである．通常，増幅器にはこうした帯域と増幅率が記されている．

（ⅲ） 高い線形性

$$V_o = \alpha V_i \tag{6.14}$$

において，a が入力電圧に依存して非線形になる（V_0 と V_1 が比例しなくなる）場合がある．しかし，すべての入力電圧に対して $a\beta>1$ ならば，

$$V_0 \approx \frac{V_s}{\beta} \tag{6.15}$$

と書けるから，β が定数で $a\beta \gg 1$ ならば，V_0 と V_1 の関係が非線形であっても，出力電圧 V_0 は V_s に対して線形となり V_1 にはよらなくなる．

負帰還のほかの利点として，入力抵抗が大きく，また出力抵抗が小さくなる（理想的な増幅器では前者が無限大，後者がゼロ）ので損失が小さくなることがあげられる．

c. 安定性

もし，帰還信号の符号が逆だと，V_s に信号が加算され，**正帰還**となる．6.10式は β が負でも成り立つ．このとき $a\beta$ が -1 となる場合があり，式のうえでは V_0 が無限大となるが，実際には，V_0 はある大きな値となり，回路中のコンデンサやコイルなどの部品により時間遅れが生じ，系が不安定となり発振する．発振器はこの原理を利用してつくられている．

しかし，増幅器回路では，こうした発振は好ましくない．負帰還を維持しようと努めても，どんなタイプの負帰還回路であれ，ある周波数で正帰還となる可能性をもつが，それは，増幅器が位相のずれを生じさせ，これが周波数依存性をもつからである．あらゆる周波数で安定に働かせることは，増幅器設計技術の重要な部分で，理論的には，ナイキスト（Nyquist, 1889～1976）らにより研究がなされている．

本節では，どんな増幅器にも当てはまる重要な考え方を説明するに留める．理論と負帰還回路設計の詳細については，ほかの参考書を参照されたい．

6.8 サーボシステム

a. サーボの原理

装置Cにより制御可能な装置Sを考える．Cからの制御信号が，増幅器Aを通してSに入力される．装置Sは信号Fを出力するが，これを制御回路に帰還（フィードバック）し，この値と制御信号Cとの差が増幅器に入力される

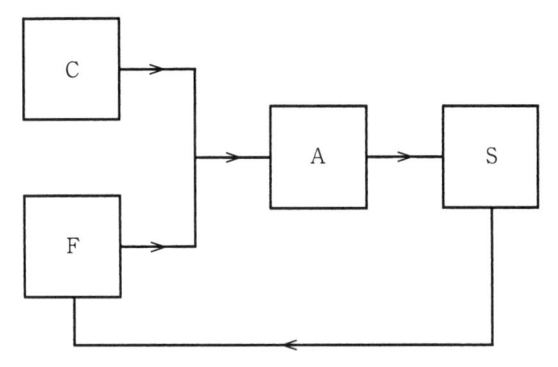

図 6.8 サーボシステムのブロック図.

（図6.8）．その出力をSに加えることで，CとFを同一にすることができる．このような制御回路を**サーボシステム**とよぶが，負帰還回路が基礎となっており，前節で述べた性質がすべて当てはまる．

b．温度制御

サーボシステムの原理の具体例として，図 6.9 に示す湯浴（ヒーターバス）の温度を設定温度 T に制御する場合を考えよう．湯浴の熱はまわりに逃げていくが，ヒーターHにより加温して温度が制御される．制御電圧を V_c とする．帰還は湯浴の温度に対応する信号，たとえばP点での熱電対の起電力 V_f

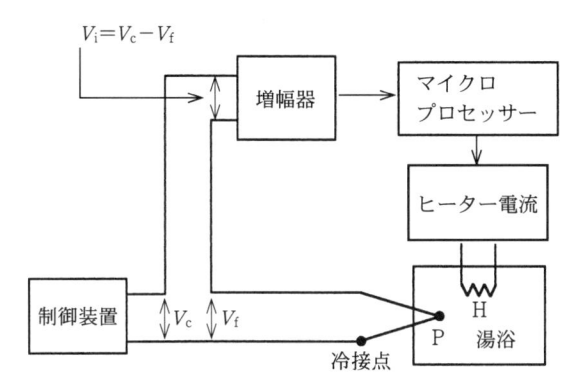

図 6.9 湯浴の温度を一定に保持するためのサーボシステム．図 6.8 の具体的な例となっている．

を用いて行われる．差電圧($V_c - V_f$)が増幅器に入力され，マイクロプロセッサに出力される．ここでヒーターを熱して暖めるのに必要な電流が計算される．V_f が V_c となったときに湯浴の温度は T となる．このとき，増幅器の入力電圧はゼロとなり，ヒーターの電流を一定にするようにプログラムされている．平衡状態では，ヒーターから与える熱と外に逃げる熱はつり合っている．何らかの理由で温度が下がると，V_f は小さくなって，差電圧が正となり，この情報が増幅器を通してマイクロプロセッサに伝わる．そして，ヒーターの電流を増加させるように働く．逆に温度が上がれば，$V_c - V_f$ は負となり，今度はヒーターの電流を減少させる．

　以上がサーボシステムの重要な特徴である．制御信号 V_c を参照信号として，制御すべき物理量の測定値である V_f との信号の差が，この差をゼロとするように用いられ，自動制御される．

c．安定性

　これまでは回路の時間遅れについては無視してきた．しかしこれは重要な影響をもつ．湯浴の温度を T よりも高い温度 T' に制御するとする．温度が上がっているとき，T は T' よりも小さいので，サーボシステムの性質上，さらに高い電流を流す指令がでる．これは T が T' と等しくなるまで続く．このとき時間の遅れがあると，T は T' よりも大きくなってしまい，逆に電流を小さくする指令が出ることになる．そして，この時間の遅れから，今度は小さくしすぎてしまう．

　このようなサーボシステムにおける振動現象は，**ハンチング(hunting)**とよばれ，増幅器のところで述べた正帰還での不安定性と似ており，数学的には等価である．このようなサーボシステムの不安定性は，導入される値(今の場合は投入する熱量の変化)を弱める減衰項を導入することで防ぐことができる．マイクロプロセッサは瞬間の温度だけでなくその履歴も考慮するようにプログラムされており，その結果，過去の時間変化も含めてヒーター温度を制御し，T' にできるだけ早く，しかも行きすぎることなく到達可能となる．

6.9 原理上の測定限界

十分に感度のよい装置を用いて細心の注意で測定を行えば，その測定精度はいくらでもあがると考えるかもしれない．しかし，それは間違いで，量子力学で学ぶ不確定性原理(ここでは触れない)とは別に，測定装置においても，不規則変動を与えるいくつかの現象がある．これらの変動は**雑音(ノイズ)**として知られ，精度に自然の限界を与えることになる．

a．ブラウン運動

測定機器に与えられる不規則変動の一つとしてブラウン運動がある．糸でつるされた小さな鏡を考えてみる．角度変位 θ に対する復元力が $c\theta$ のとき，ポテンシャルエネルギーは次のようになる．

$$V = \frac{1}{2}c\theta^2 \tag{6.16}$$

鏡は絶えず気体分子の衝突を受けており，それらが与える時間平均の力はゼロであっても，瞬間ではゼロでなく，鏡は平衡位置から不規則に変動している．

鏡は熱的には気体分子と平衡状態にあるとすると，エネルギー等分配則から，平均のエネルギー V は $\frac{1}{2}kT$ (k：ボルツマン定数，T：熱力学的温度)となる[*著者注]．したがって，平均振幅の2乗平均は，

$$\overline{\theta^2} = \frac{kT}{c} \tag{6.17}$$

となる．k の値は 1.38×10^{-23} JK^{-1} であるから，その影響は室温では小さい．しかし，小さな c の値に対しては，変動も無視できなくなる．実際，この現象は，k の値を導出するために用いられた(Kappler, 1938)[†9]．

この影響が，圧力を小さくしても小さくならないことは注目に値する．低圧力下では，単位時間に鏡に衝突する分子の数は減少し，鏡の動きは高速の変動から正弦波のゆれに変わる．しかし，2乗平均の値は同じである．この例の詳細は文献(Fowler, 1936)[†10] に示されている．

著者注[*]　等分配則については統計力学の本を参照されたい．たとえば，Zemansky, Dittman, 1997[†8]．

b. ジョンソン雑音

もう一つの重要な熱的変動が**ジョンソン雑音**あるいは**熱雑音**とよばれるものである．温度 T での抵抗 R は不規則な起電力を発生する．これは抵抗内の伝導電子の熱運動により生じると考えられている．この起電力は不規則に変化し，その周波数を解析すると，周波数が f と $f+\mathrm{d}f$ の範囲にある電圧の２乗平均は，

$$\overline{E^2} = 4RkT\,\mathrm{d}f \tag{6.18}$$

のように与えられる．ここでは単純に結果だけを引用したが，熱力学から導出でき，$f \ll kT/h$ の場合に成り立つことが示せる(Robinson, 1974; Milburn, Sun, 1998; Wilson, 1995)[†11,12,13]．ここで，h はプランク定数で，室温では kT/h は，6 THz となる．

6.18 式の右辺には f が入っていない．きわめて高い周波数を除けば，ジョンソン雑音は周波数によらず一定であり，RT に比例する．このため，増幅すべき信号が弱い場合，このノイズが厄介となり，増幅器を液体窒素あるいは液体ヘリウム温度まで冷却する必要がある．

c. 物質の粒子性による雑音

電流は電子や空孔（ホール）といった個々の粒子が運ぶが，時間間隔を区切って考えてみると，運動している粒子数は変動しており，この変動が雑音の原因となる．これを**ショット雑音**とよぶ．電流が小さくなるとゆらぎの割合は大きくなる．ショット雑音の例としては，荷電キャリア（電子やホールなど電荷を運ぶもの）が pn 接合を横切る速さのゆらぎに起因する半導体ダイオードの電流ゆらぎや，熱陰極や光電陰極からの電子放出のゆらぎなどがある．

d. フリッカー雑音

ジョンソン雑音やショット雑音とは異なり，**構成部品の質に依存する雑音**がある．これは，**フリッカー雑音**あるいは **$1/f$ 雑音**として知られている．名前のとおり $1/f$ の周波数依存性をもち，低周波領域において大きな値を取り重要となる．この雑音の物理的要因は装置により異なり，印加電圧や信号電圧の

外乱など，熱平衡になっていない装置の特性の時間変化によって生じる．たとえば，カーボン抵抗は，接触抵抗をもつ多くの小さな顆粒からなる．電流を流すと顆粒の小さな不規則な動きが全体の抵抗を変化させ，両端の電圧が時間とともに変動する．また，バイアス電圧をかけた半導体デバイスでは，多数キャリアや少数キャリアが結晶の接合部で発生したり再結合したりする速度の変動からフリッカー雑音が生じる．

e．一般の雑音

きわめて微小な信号を検出する研究を除けば，これまで述べてきた様々な雑音源は，通常の実験計測においては障害にはならない．しかし，ほかの外乱がしばしば存在し，より深刻な影響を与える場合がある．よくある例として，電源や近くの電気機器からの雑音，不完全な電気的接点や電子部品の欠陥などによる，信号かと間違うような雑音などがあげられる．

練 習 問 題

6.1 ストロボスコープは，回転する物体の周波数 f を測定することができる装置の一つである．ストロボ周波数 f_0 の閃光を物体にあて，回転のみかけの速度 f_{app} を測定する．

a) もし f が mf_0 (m は整数) におおよそ等しければ，次式を満たすことを示せ．
$$f_{app} = f - mf_0$$
また，f_{app} が負になることはどんな意味をもつか？

b) $m=5$, $f_0 = 100.00 \pm 0.01 \, \text{Hz}$, $f_{app} = 0.40 \pm 0.05 \, \text{Hz}$ の場合，f の値と標準誤差を計算せよ．

6.2 端の固定された振り子の周期 T は，N 回 (N は整数) の振れに要する時間 t を測定することで決定される．t の誤差 Δt はタイマーを始動，終了させる際の誤差が原因で，t の値にはよらない．したがって N を多くすると t が大きくなり，周期をより正確に求めることが可能である．今，Δt を 0.2 秒とする．20 回の振れにかかる時間が $t = 40.8$ 秒であるとする．次の測定では N_1 回に対して 162.9 秒，その次は N_2 回で 653.6 秒であった．N_1, N_2 を求め，T を誤差も含めて導出せよ (振れの幅は周期のばらつきに対して十分に小さいとし，無視できるものとする)．

6.3 次の温度計を，測定温度範囲，精度，利便性 (用途も含む)，費用の点から比較しなさい．

a) 水銀温度計
b) 熱電対
c) 白金抵抗
d) サーミスター
e) 定容気体温度計
f) 放射温度計

6.4 磁場を測定する方法を列挙し，これらを前問と同様に分類せよ．

次の議論演習は，みなさんが測定というものの本質について考え，測定と理論がいかに表裏一体なものであるかを考えることを目的とする．いくつかの課題は学部1年生レベルには難しいかもしれない．

6.5 次の寸法の概念について議論せよ．
  a) 1個の原子
  b) 1個の原子核

6.6 次の距離を測定する最適な方法について議論せよ．
  a) 結晶中の原子間距離
  b) 水素分子の原子間距離
  c) 地球表面上で10 km離れた2点間の距離
  d) 地球と月の距離
  e) 地球と近くの星との距離
  f) 地球と遠い星との距離

6.7 次の重さをはかる最適な方法について議論せよ．
  a) 1袋のイモ
  b) 金の延べ棒
  c) 1個の水素原子
  d) 1個の中性子
  e) 地球

6.8 次の文章の意味を説明し，どうやって確かめるかを示せ．
  a) 断熱消磁後の塩の温度は，0.001 Kである．
  b) プラズマの温度は50 000 Kである．
  c) 宇宙の温度は3 Kである．

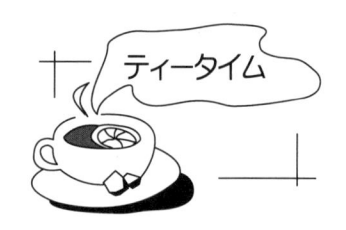

原子観察とサーボシステム

トンネル顕微鏡(Scanning Tunneling Microscopy：STM)は1981年にスイス，チューリッヒのIBM研究所のビニッヒ(G. Binnig)およびローラー(H. Rohrer)博士により開発された，固体表面の原子を1個1個観察することができる装置である．この発明は基礎的にも応用上でも，非常に高い潜在力を有し，短期間のうちに，1986年にノーベル物理学賞を受賞した．

さて，顕微鏡というと，光学顕微鏡や電子顕微鏡がすぐに頭に浮かぶが，STMはその結像原理がまったく異なるものである．すなわち，金属製の探針先端をとがらせて，これを観察したい試料表面に近づける．このとき，探針と試料表面との間に，トンネルバイアスとよばれる電圧(通常1V程度)をかけておく．そうすると，探針と試料の距離が1nm(10^{-9}m)，すなわち原子の大きさの数個分になった時点で，両者の間にトンネル電流(電子が波の性質をもつという，量子力学的な効果により生じる電流)が流れる．このときの電流の大きさは，おおよそ1nA(10^{-9}A)で，両者の距離をd，電流をIとすると，

$$I \approx \exp(-Ad)$$

という指数関係が成り立つ(Aは比例定数)．すなわち，距離が10^{-10}m変化するだけで，電流の値は一桁も変化する．この距離に対する電流の高感度性が，この顕微鏡の高い分解能を決める要因になっている．

では，一体どのように表面の原子列を観察することができるのだろうか？いくつかの測定法があるが，普通は，両者の距離，すなわち，トンネル電流の大きさを一定になるように制御しながら，探針の位置を走査する(ブラウン管テレビと同じでありラスタースキャンという)．このとき，試料に凸の部分(たとえば原子の真上)があれば，探針は表面から遠ざかるように動き，逆に凹の部分(原子と原子の隙間部分)があれば，探針は表面に近づくことになる．こうして，表面を2次元的に走査すれば，表面の凹凸に従って探針の高さが変化す

るので，2次元的な位置に対して探針の高さの変化をプロットすると，原子スケールの顕微鏡像が得られることになる．

　表面には段差などもあるが，像を得る間は，決して探針をぶつけるわけにはいかない．1 nm の隙間を 0.01 nm 程度の精度を保ちながら，数十 nm から数百 nm のサイズを走査するというのは驚くべきことではないだろうか？　まさに制御の醍醐味である．この探針の制御には，6.8 節で習った**サーボシステム**が用いられている．まず一定の電流の設定値を決め，現在の電流の値との差分を計算し，この差を小さくするようにサーボ回路により探針を表面から離したり近づけたりする．この探針の位置決めは，ピエゾ素子(圧電素子)が用いられている．探針を取り付けたチューブ状の素子のピエゾ効果(印加電圧により歪みが生じ，長さや傾きを制御できる現象)を利用して，通常 1 V あたり数 nm の精密位置決めが可能である(精度は電圧の安定性に依存)．この素子にサーボ回路からのシグナルを入れることにより，フィードバック回路(サーボ回路)が形成されている．

　最近では，この顕微鏡から派生した多くの顕微鏡が生まれている(参考図書 p. 253)．同様な走査で探針と試料の間に働く力の像が得られる原子間力顕微鏡(Atomic Force Microscopy : AFM)もナノテクノロジーにおいて中心装置となっているが，この顕微鏡では，三つから四つものサーボ回路で同時に制御されている．

7 実験技術の例

【本章のキーワード】
干渉縞の観察　重力加速度の測定　精密測定とその応用　電流・電圧発生器　雑音の低減

　この章ではいくつかの実験技術をみていこう．ここで紹介する技術は**巧妙に工夫されたものであり，同一の原理を実験の高度さの程度にかかわらず適用することが可能な**ものである．また，光学，電気，機械，原子物理など異なる分野の話題に触れ，異なる背景の中で，器具や実験装置一式，そして応用まで含めて説明するよう心がけてある．この部分は本書の中でもっとも難解であり，いくつかの現象は馴染みのないものかもしれない．各節は独立しているので，最初は部分的に読んでもよいし，あるいは全部を後にまわし，ほかの章を先に読んでもかまわない．しかし，いずれにしても，ここで述べる**実験的な発想や考えは多くの有益な内容を含んでおり，読めば必ず役に立つ**ものである．

7.1　レイリー屈折計

a．装置の概要

　レイリー屈折計は，気体の屈折率や，固体，液体の屈折率の微小変化を読み取ることのできる装置である（図 7.1）．スリット S からの単色光がレンズにより平行化され，スリット S_1, S_2 に入る．この二本の光線は互いに平行で同じ長さ t をもつ二つの管の中に入る．そして，二本の光線はレンズ L_2 により重ね

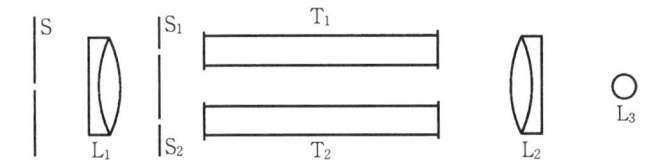

図 7.1　レイリー屈折計の上面図．S はスリット，L はレンズ，T は管である．

合わされ**干渉縞**を形成し，小さな円筒レンズ L_3 により観測される．

　気体の屈折率を測定するには，最初に両方の管を真空排気した状態で縞を観測し，その後，片方の管 T_1 に気体を導入する．そうすると，T_1 を通る光線1の光路が長くなり，干渉縞が動くことになる．そこで，何本の干渉縞が動いたかを数える．もし p 本(整数でなくてもよい)通過したとすると，屈折率 μ は，式

$$t(\mu-1) = p\lambda \tag{7.1}$$

で与えられる．ここで λ は光の波長である．実際の測定に関しては次節で説明する．レイリー屈折計の詳しい説明は参考文献に書かれている(Ditchburn, 1952)[†14]．

b．比較法

　干渉縞の動きを見るには，図7.2(b)にあるような**基準線を用いる代わりに，不動の干渉縞を用いる**方がよく，そのためには，S_1，S_2 からの光線の上半分だけが T_1，T_2 の管を通るようにすればよい．こうすると下半分の光は管の外を通り，二つの独立な干渉縞ができる．管の外を通った光による干渉縞は常に一定で動かない．

　このような方法を用いると，二つの干渉縞は互いに重なっていないので(図7.2(a))，図7.7(b)のような重なった状態の基準線を用いるより測定が容易である．前者では，40分の1ほどの差をも見出すことができるが，後者では，せいぜい10分の1程度である．前者のような目の高感度化は**副尺視力**とよば

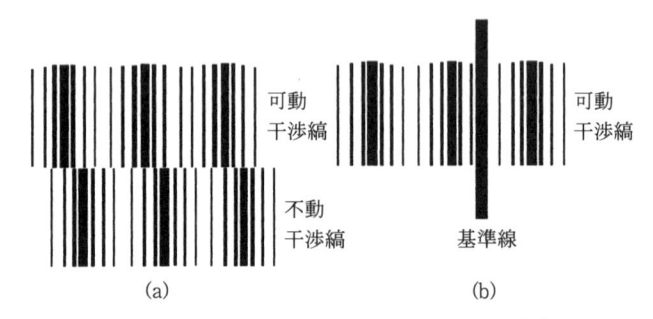

図 7.2　干渉縞の追跡方法．固定した干渉縞と比較する(a)の方が，固定された細線を基準にする(b)よりも，小さな動きも検出できる．

れる．

　この方法で干渉縞を互いに比較すると，装置の歪みや，スリット S_1, S_2 の位置のずれに対して，二組の干渉縞が同じ影響を受けるため，測定値が影響されないという非常に大きな利点がある．

c．円筒型接眼レンズ

　通常の実験では，スリット S_1, S_2 の間隔 s は 10 mm 程度で，隣り合った干渉縞を見たときの角度の大きさは

$$s\theta = \lambda \tag{7.2}$$

となるから，$\lambda = 500$ nm なら $\theta = 5\times10^{-5}$ ラジアン，つまり 0.2 分となり干渉縞の間隔はきわめて小さい．これらは高精度の円筒のガラスレンズ(直径2 mm 程度)の L_3 を通して観察する．ここで垂直な円筒レンズ(かまぼこ型のレンズで，一方向にはレンズとして働き，それと垂直方向にはただのガラスでしかない)を用いるのは干渉縞の間隔の方向のみが拡大されるからである．また，光線の有効面積は瞳孔よりずっと小さく，拡大することにより，視野が暗くなる．円筒レンズの倍率が n(通常は 150 倍ほど)であれば，明るさは $1/n$ となるが，もし同じ倍率の球面レンズを用いると，$1/n^2$ となってしまう．暗いことは装置の欠点となるので，円筒レンズを用いる効用は大きい．

d．補償方法

　T_1 に気体を入れながら基準線を通過する本数を数えるのは大変である．光線1の光路長の増大は，光線2の光路長を測定された量だけ増加させると補償できるので，二つの干渉縞を二つの光路長が等しいことを示す表示器として用いることができる．

　いくつかの補償方法があるが，その一つを紹介する．きわめて薄いガラス板を上部の管を通る前の二つの光線位置に置く．この二つのガラス板が互いに平行であれば光路差はないが，図 7.3 のように一方を傾けると光路差が生じる．実際はマイクロネジ M で腕 A を押すことにより板を回転させる．このようにしてわずかな光路差を高精度かつ再現性よく生じさせることが可能である．

　このような補償装置を用いて生ずる光路差は，もしガラスの屈折率が既知で

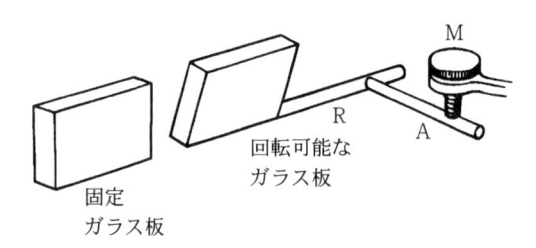

図 7.3 補償用装置．ネジ M をまわして，一方を傾けることにより光路差を調整できる．

あれば，ネジの回転数の関数として計算可能である．しかし，計算よりは測定値を用いる方がより一般的である．つまり，単色光を用いて干渉縞を実際に観察することにより較正する．ネジをまわして，縞の動きをネジの回転量と対応させるのである．この方法をいくつかの光の波長を用いて行う．

e. 白色干渉縞

これまでの話では単色光を用いることを前提にしてきた．このことは究極の精密計測では，7.1 節のように光の波長が重要なパラメータとなっていることからも明らかである．しかし，単色光では同じ干渉縞が並んでおり不都合な場合がある．気体を管 T_1 に入れながら，干渉縞を観察し，これが動かないよう

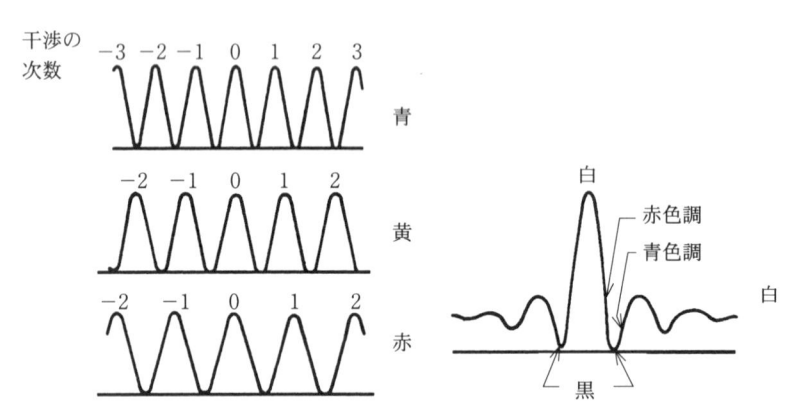

図 7.4 青，黄，赤，白色光がつくる干渉縞パターン．青色は赤色より波長が短いので干渉縞の間隔も小さくなる．白色光の 0 次の干渉パターン（一番下）は，青〜赤のパターンが合成され，微細構造からなっていることがわかる．

に常に補償用ネジをまわす作業が屈折率測定には必要である．もし厳密に補償が正しくなく，また一瞬縞の動きを見失った場合，どの干渉縞が基準の位置だったかを知ることは困難である．

しかし，白色光を用いるとこれが解決できる．おのおのの単色成分は，赤い成分は干渉縞の間隔は広く，青いのは狭いといった具合に，固有の干渉縞をつくる（図7.4）．白色光を用いた場合に見えるのはこれらをすべて合わせたものである．光路差がゼロの場合はすべての色成分は明るい縞をつくり，合成したものは明るい白色の縞となる．しかし光路差が生じるとこれらの明るいピークは消失していく．いくつかの限られた単色成分では，どこかにピークができる場合もあるが，連続的に変化する無数の光が合わさると消え去るのである．最終的には中心の白い明るい縞の両側に色が付き，光路差が大きくなると色が目立ってきて，急にピークが消える．このように白色光を利用すると，光路差ゼロの場所を知ることができる．

実験は以下のように行う．まず，両方の管を真空排気し，白色光を用い，おおよそ両方の干渉縞が一致するようにネジを合わせておく．そして白色光を単色光で置き換え，ネジを精密に合わせる．必要量の気体を片方の管に導入する．そして白色光を用いて0次の干渉縞を中央にもどし，単色光により最終的な微調整を行う．

f．分散効果

気体の分散と補償用の板の分散が異なるときには，7.2節eの白色光法は少し困難となる（ここでいう分散とは，物質中の光の速さが波長によって異なること）．管には気体がなく，ゼロ補償の場合を考える．白色光の干渉縞のシステムは，図7.5の解析図で表すことができる．この図で，水平に線を引けば，各波長における干渉縞の様子を再現できる．下の方が長波長に対応し，最上部が青色，最下部が赤色の干渉縞を示す．白色光では，これらを垂直方向につぶして加えていけばよく，0次の干渉縞はすべて垂直であるので，強度の強い点となるが，1次，2次になると徐々に広がっているので，足し合わせるとぼやけていくことになる．

気体を導入し，ネジをまわして光路差を補償する場合，気体と補償板の分散

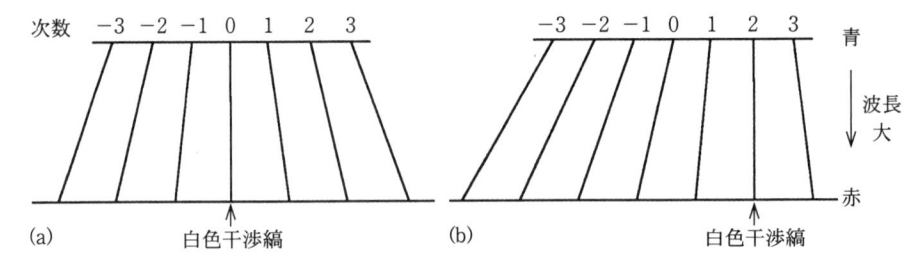

図 7.5 白色光を用いた干渉縞測定の解析図．水平線はある特定波長での干渉縞の間隔を示す．解析図を垂直方向につぶしたものが白色光の場合に相当する．(a)気体と補償用プレートの分散が等しい場合，(b)異なる場合．

が同じであれば，どの波長においても補償が可能であり，解析図も図 7.5(a)と同じになる．ところが，分散が異なる場合，光路差が波長によって変わるから，すべての波長で同時に補償することが不可能になる．もし，スペクトルの真ん中のある波長で正確に補償を行ったとすると，解析図は，たとえば，図 7.5(b)のようになる．青色は，補正しすぎであり，0 次の干渉縞は右側にずれ，赤は補正不足のため逆に左側にずれる．これらを垂直につぶしていくと，番号 2 の干渉縞が点となる．言い換えると，白色光の干渉縞は，もはや 0 次の縞ではない(一般的には，図 7.5(b)のどの干渉縞も垂直ではなく，白色光の次数は整数にならない)．

このような場合，白色光により 0 次光が検出できないが，次のような二つの策が講じられる．一つは気体をゆっくりと入れることで，白色光の干渉縞の変化を見逃さないようにする．もう一つは，短い管を用いて，大体の屈折率を求めておき，次に長い管を用いて精密に 0 次の干渉縞を決定するという方法である(Ditchburn, 1952)[†14]．

g. 精度と応用

検出可能な光路差は，最小で 1/40 波長，最大で 250 波長分程度である．

$$t\Delta\mu = p\lambda \tag{7.3}$$

から，管の長さが 10 mm，波長が 400 nm の場合，10^{-6} から 10^{-2} の屈折率の変化を求めることができる．1 m の場合は，10^{-8} から 10^{-4} となる．

レイリー屈折計は，屈折率を求めるのにもっとも精度の高い方法である．液

体や気体などの透明な混合物の屈折率は，その成分比に依存するため，屈折率測定により，それらの濃度比などを精密に求めることができる．このように応用範囲が広く，**物理，化学，生物学に適用**されている．

精密な研究のためには，温度が厳密に制御されなければならない．液体で 10^{-6} の精度で測定する場合は，温度は 10^{-2} K の制御が必要となる．また，管を長くすると感度が高くなるが，信頼性のあるデータの取得は困難になる．したがって，どれくらいの精度が必要かを考えてできるだけ短い管を用いるのがよい．

屈折計は最初，He や Ar の屈折率を求めるために 1896 年にレイリー (Reileigh, 1842～1919) により設計された．$\lambda=589$ nm に対して得られた $\mu-1$ の値は，それぞれ 3.5×10^{-5}, 28.1×10^{-5} である (Kaye, Laby, 1995)[†39]．この装置は，こうした小さい値さえも測定することが可能である．

7.2 抵抗測定

a．はじめに

何年もの間，電気抵抗をもっとも精密に測定できる装置として直流電位差計が使用されたが，熱電効果やドリフトにより誤差が生じるという問題があった．このため，現在では「交流法」が主流の測定法となっている．ここでは，抵抗測定法と，ホール効果測定法について紹介する．装置は半導体デバイスを用いたいくつもの興味深い特徴をもつが，詳しくは文献 (Friend, Bett, 1980)[†15] を参考にされたい．また，演算増幅器 (オペアンプ) や 2 進カウンターなどについても予備知識が必要であるが，多くの電子回路に関する本 (たとえば，Horowitz, Hill, 1989)[†7] を参照のこと．

b．測定法

図 7.6 に基本的な実験装置を示す．デジタル正弦波電圧発生器からの正弦波信号 (70 Hz) を用い，同じ周波数の電流発生器をつくる．この電流 I を試料の AB 端子間に流し，CD 間の電圧が**ロックインアンプ**に入力される．ロックインアンプは，同調検波，つまり復調器 (被変調波からもとの信号波を復元するもの) として作動し，CD 間の交流電圧の振幅に比例した直流電圧を出力する．

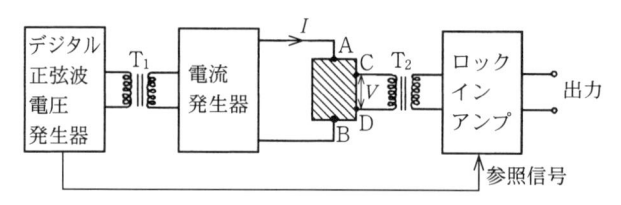

図 7.6 金属試料の抵抗率を測定するための装置の構成図

本質的な点は,ロックインアンプに正弦波発振回路から試料に加えたのと同じ周波数の参照信号を入れることである(これにより,7.3 節 f で述べるように雑音を低減して微小な信号を取り出すことができる).

電流の値は,あらかじめ既知の抵抗に電流を流しその端子間電圧を測定することで決定しておく.ロックインアンプは,既知の交流電圧を用いて較正する.これらの測定は直流電圧,交流電圧,抵抗を測定できるデジタルマルチメーターを用いて行う.

試料抵抗を求めるには,A,D を電流端子,B,C を電圧端子として,繰り返し測定する.巧妙な理論がファンデアポウ(van der Pauw)により提案された.一様な厚みの板状の試料に対して,2 回,別の組合せで測定し,試料の厚みがわかれば,物質の抵抗を決定できる.この場合,薄板の形状には関係せず,また,A~D のどの 2 点を電流端子,電圧端子に選んでもよい.

このような装置により,電流と電圧を 0.01 % の精度で測定できる.続いて,それぞれの基本となる測定回路を見てみよう.

c. デジタル正弦波電圧発生器

この装置の構成を図 7.7 に示す.タイマーが $256 f_0$ の周波数のクロックを発生する.これらは 8 ビットの 2 進カウンターに入力され,0 から 255 までの連続の数値ができる.これらが 256 のレジスターをもつ読み取り専用のメモリー(Read Only Memory: ROM)に入る.それぞれの数値は一つのレジスターに対応し,内容として 8 ビットの数値が書き込まれており,それらが出力される.レジスター n の値は,

$$c_n = \left[\left\{\sin\frac{2\pi n}{256} + 1\right\} \times 127.5\right] \text{にもっとも近い整数} \tag{7.4}$$

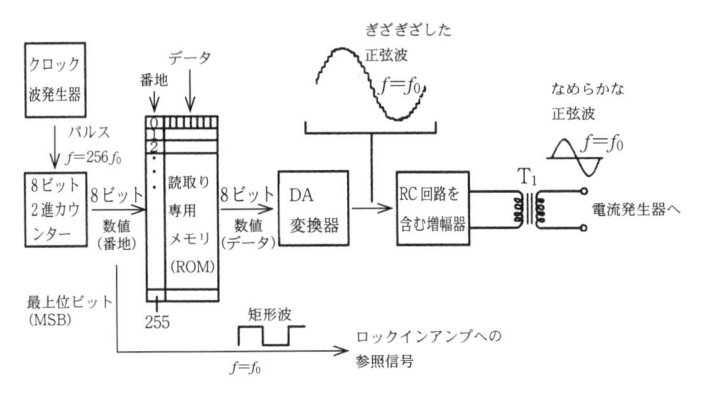

図 7.7 デジタル正弦波信号発生器

となるようにプログラムされている．連続した整数 c_n（0 から 255 までの値を取る）は DA 変換器に入力され，入力値に比例して電圧が出力される（Horowitz, Hill, 1989)[7]．その結果，図 7.7 のようにぎざぎざの正弦波ができる．このぎざぎざ成分は RC 回路により低周波数成分のみを通すローパスフィルターによって取り除くことができる．最終的に 1:1 の変圧器（トランス）T_1 を用いて直流成分が取り除かれ，電流発生回路に入力するための電圧がつくり出される．この信号は滑らかな，周波数 f_0 の正弦波で，振幅は 0.5〜2.5 V まで階段状に変えられる．

正弦波電圧をつくるのにデジタル回路を用いる理由は，DA 変換器により振幅がきわめて安定に形成されるからである．この構成要素は 7.2 節 g で述べてあるように，内蔵の参照信号により，電圧の値を 0.001％ 程度の精度で調整できる．カウンターの最上位のビットは，ロックインアンプの参照信号に使われる．信号は矩形波で周波数は f_0 である．

d．電流発生器

電流発生回路を図 7.8 の左半分に示してある．オペアンプ A_1 のゲインはきわめて高く，入力端子間の電圧はきわめて小さくなりゼロと考えてよい（出力電圧＝ゲイン×[入力電圧(＋)−入力電圧(−)]で与えられる）．したがって，抵抗 R_1 にかかる電圧はトランス T_1 の二次側の電圧 V_1 に等しくなる．R_1 を流れる電流は，

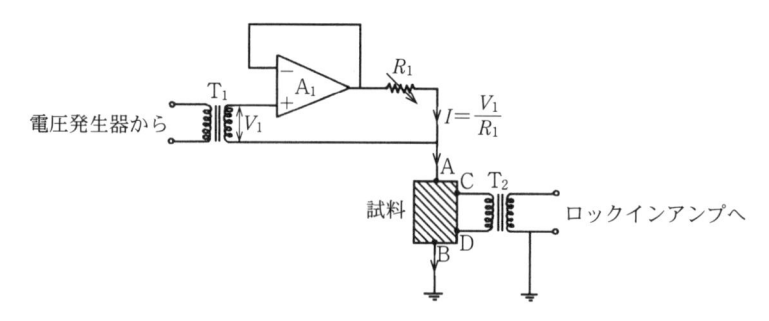

図 7.8 電流発生回路および試料

$$I = \frac{V_1}{R_1} \tag{7.5}$$

で与えられる．オペアンプの入力インピーダンスが高く端子間の電圧は小さいので，ここを流れる電流はきわめて小さくなる．そこで，実際上，すべての電流は試料の AB 間に流れる．こうして，抵抗 R_1 を段階的に変化させることにより，10 μA から 20 mA までの電流がつくられる．

この電流発生回路の基本的な特性として，電流の値は 7.5 式により V_1 と R_1 のみに依存することである．試料の抵抗にはよらず，またどの接触抵抗にもよらない．したがって電流値を標準抵抗で較正すれば，その後，試料に置き換えても値は変わらない．

CD 間に発生する電位差は，1 : 100 のトランス T_2 により変換される．これは，試料の低いインピーダンスを高インピーダンスが必要なロックインアンプの入力信号に合わせるためである．また，平均値 $\frac{1}{2}(V_C + V_D)$ の同相信号ではなく，電位差 $(V_C - V_D)$ をロックインアンプへ入力していることを保障するためでもある．

e．ロックインアンプ

簡単な装置構成を図 7.9 に示す．M_1 と M_2 は一対の金属酸化膜半導体電界効果トランジスタ (Metal-Oxide-Semiconductor-Field-Effect Transistor : MOSFET) であり (Horowitz, Hill, 1989)[7]，スイッチの役割を果たしている．つまり，MOSFET のゲートが正であればスイッチ閉，負であれば開となる．

電源からの矩形波信号が直接 M_1 に，またインバーターを介して M_2 に印加される．参照信号が正(負)の場合は，M_1 は閉(開)，M_2 は開(閉)となる．今，M_1 が閉であれば，トランス T_2 の二次側の電圧 P は端子 Q で変化せず，逆になると，端子 Q で反転電圧となる．これはオペアンプ A_2 の非反転端子(図7.9 中の＋端子)が接地されているからである．入力端子間の電圧はほとんどゼロなので，反転端子(図7.9 中の－端子)の電位はゼロと考えてもよい(仮想接地)．二つの $10\,\mathrm{k}\Omega$ 抵抗の両端の電位差は等しいので，それらの共通点の電位はゼロになり，P 点と Q 点の電位は符号が反対で絶対値は等しい．その結果，図 7.10 のように Q 点での信号は P 点の信号を整流したものとなる．図

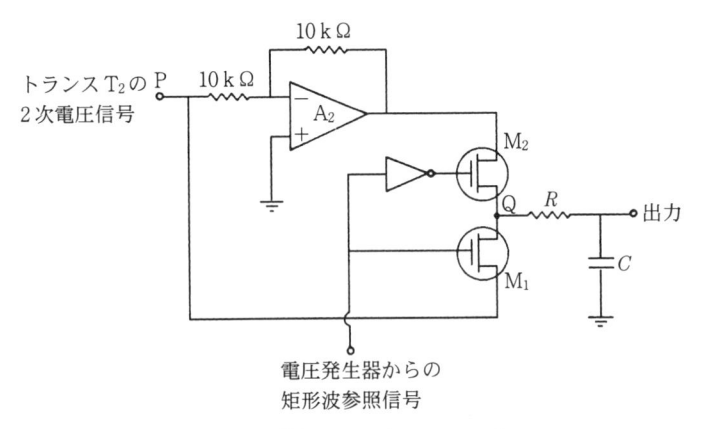

図 7.9　簡易版ロックインアンプ

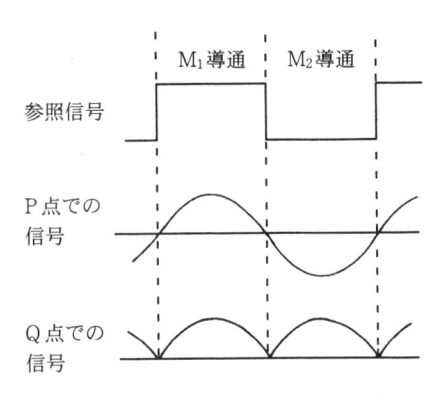

図 7.10　ロックインアンプにおける波形．P, Q は図 7.9 に示されている．

7.9 の右側の RC 回路はローパスフィルターであり，キャパシター(容量)C にかかる電圧は，小さなリップル(直流電圧において波を打つ割合)を除けば，Q での電圧の直流成分と等しく，これは P での交流電圧の振幅に比例する．

ロックインアンプを使用する例については 7.2 節 b で詳しく述べる．

f. 雑音(ノイズ)の低減

たとえば，小さな金属の試料の抵抗の値は，温度を下げることにより，10^{-3} Ω(室温)から 10^{-6} Ω(ヘリウム温度)になる．試料の温度上昇を回避するためには，使用電流の最大値は 1 mA 程度で，このとき，試料からの電圧は nV オーダーである(10^{-6} Ω×1 mA)．また，交流測定法は電流の向きを反転し試料の温度勾配から生まれる熱起電力を取り除くことができるが，この値は配線を室温から液体ヘリウム温度にすると μV オーダーになる．

さて，このような小さな信号のレベルでは，雑音が大きな問題となる．前章で見たジョンソン雑音と 1/f 雑音のほかに，磁場の存在下では装置の機械的な振動の影響がある．また一般に，電源からの雑音(50 Hz または 60 Hz)もあるが，これは，実験者が周波数をずらし，たとえば，$f_0 = 70$ Hz で作動させることで避けることができる．**ロックインアンプと RC 回路によるローパスフィルターの目的は，雑音を低減させることである**．図 7.11 のような RC 素子を考えてみよう．周波数 f の正弦波に対しては，出力 V_C と入力 V_Q の関係は，次のようになる(練習問題 7.1 を参照)．

$$\left|\frac{V_C}{V_Q}\right| = \frac{1}{(1+4\pi^2 f^2 C^2 R^2)^{\frac{1}{2}}} \tag{7.6}$$

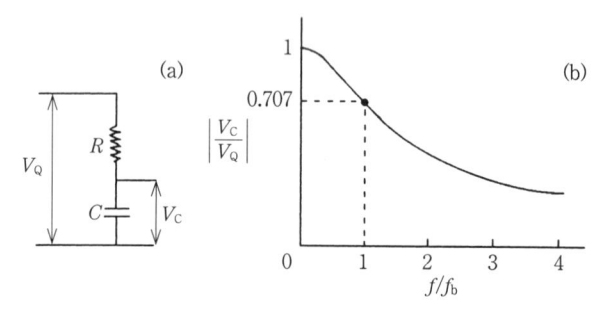

図 7.11 *RC* ローパスフィルター回路

この関係を図 7.11(b)に示す．今 f_b を

$$2\pi f_\mathrm{b} CR = 1 \tag{7.7}$$

のように定義すると，

$$f < f_\mathrm{b} \text{ に対して} \quad \left|\frac{V_\mathrm{C}}{V_\mathrm{Q}}\right| > \frac{1}{\sqrt{2}} = 0.707 \tag{7.8}$$

の関係が成り立つ．$0 < f < f_\mathrm{b}$ の周波数領域を**フィルターのバンド幅**と考えることができる．R と C の値は f_b が f_0 より十分小さくなるように決める．たとえば，RC の典型的な値である 1 秒に対して f_b は 0.2 Hz となり，p. 106 で述べた f_0 の 70 Hz に比べて十分小さくなっている．

ロックインアンプを参照信号と入力信号の混合器（ミキサー）として機能するものと考える．ここで参照信号は矩形波で基本周波数が f_0 である．この波形は，高次の高調波 $3f_0$，$5f_0$ を含むが，今は無視して考える．入力信号が周波数 f の正弦波であるとき，これらの信号を混ぜると，$f + f_0$ と $f - f_0$ の成分をもつ波形が得られる（6.6 節参照，$f > f_0$ の場合）．フィルターは 0 から f_b までの周波数しか通さないので，最終的には，**ロックインアンプとフィルターにより，$f_0 \pm f_\mathrm{b}$ つまり 70 ± 0.2 Hz の周波数の信号しか通さないことになる**（$f < f_0$ の場合も考慮）．つまり，共鳴信号が f_0 にロックされた同調回路として作動することを示している．

ロックインアンプなしでは，信号はほとんど雑音に隠れてしまう．しかし雑音は全周波数帯に分布しており，信号はもっぱら 70 Hz である．したがって，**ロックインアンプを用いることで，信号のほかには 70 ± 0.2 Hz 内の狭い領域内にのみ存在する雑音だけが通過することになる**．こうして雑音は信号に比べてきわめて小さくなる．このような雑音削減方法を**狭帯域法**とよぶ．

この方法は非常に有力で，様々な分野の実験で使われている．試料に照射する光の強度を変調して参照信号とする例を図 7.12 に示す．薄い板状の試料の透過率を波長の関数として測定する装置で，単色光が，回転する切り込み板（チョッパー C）により変調を受けている．図では羽が 4 枚であり，一回転あたり 4 回変調される．回転周波数は 100 Hz のオーダーであるが，変調信号が電源周波数やその高調波に近くなければよい．

変調された光は試料 S を通過して光検出器 D に入り，光の強度に応じて電

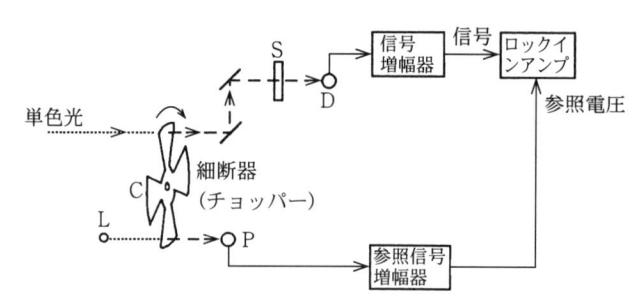

図 7.12 光強度計測におけるノイズ除去システム.
……は連続光線,----は細断光線

気信号に変換される．周波数 f_0 の矩形波信号は増幅されロックインアンプへの入力信号となる．別の LED(L) からの光も細断化（チョッピング）され，光トランジスタ P に入り，ここから電気信号が出力されロックインアンプの参照信号として用いられる．電気抵抗を測定したのと同じ機構になっていることがすぐにわかるであろう．試料からの信号と参照信号はどちらもチョッパーにより変調されており同一の周波数をもち，この周波数を用いて検出される．こうして，この周波数と異なる，検出器や増幅器への外部からの光や雑音の影響は著しく低減できることになる．

g．電圧標準

電気抵抗測定においては抵抗の絶対値を求めた．電流源やロックインアンプの較正用のデジタル計測器は，市販されているもので 0.01 % の精度がある．そのような機器は通常，内部に，**ツェナーダイオード**を用いた定電圧回路による参照電圧をもつ．ツェナーダイオードは，逆方向電圧が一定値（ツェナー電圧）を超えたとき逆方向電流が流れ，電圧の増加とともに急激に電流が増加する特性をもつ半導体素子である．ツェナーを流れる電流をある範囲内で一定にすることで，そこにかかる電圧をより高い精度で一定に保つことができる．このような参照用ダイオードのツェナー電圧は約 6 V である．

ツェナー電圧は練習問題 4.4 であげたように温度により変化する．これらの温度勾配は大体数 $mV\,K^{-1}$ で，精密な参照信号用としては大きな値である．しかし，$10\,\mu V\,K^{-1}$ の値を示すものもあり，それらは，参照電圧などの目的に

十分用いることができる．

　特別な装置の参照信号は，イギリスやアメリカの標準計測に関する国立研究所などの電圧基準と絶対的に比較して用いられる．以前はこの標準として温度制御のウェストン標準電池を用いたが，現在では交流ジョセフソン効果を用いる．周波数 f のマイクロ波放射下では，ジョセフソン素子にかかる電圧は，

$$V = n\frac{h}{2e}f \tag{7.9}$$

で表される．ここで n は整数，h はプランク定数，e は電子の電荷である．こうして，精密な測定が可能な周波数測定により絶対電圧を得ることが可能である．参照電圧についてさらに詳しくは，参考文献(Horowitz, Hill, 1989)[†7] を，ジョセフソン効果と電圧標準としての使用法については文献(Petley, 1985)[†16] を参考にされたい．

7.3　重力加速度の絶対測定

a．はじめに

　ここでは，重力加速度 g を精密測定する実験について考えてみよう．多くの場合，重力加速度 g の場所による相対的変化がわかればよいが，絶対値が必要な場合もある．これはおもに力の単位を質量，長さ，時間という基礎単位で表す必要があるからである．つるされた物体の質量は kg 単位で測定できる(p. 234)．この物体の位置における g の絶対値を知ることができれば，物体が及ぼす張力の絶対値がわかる．圧力などの測定といった実用的な応用は別として，電流の単位を確立するのに力の単位を必要とする．なぜなら電流は電流が流れている導体間の力で定義されるからである．g の絶対値は天文学においても必要である．たとえば人工衛星など，太陽系における物体の運動を計算するのに用いられる．

　第二次世界大戦までは，g をもっとも精密に測定する方法として，可逆振り子が用いられていた．これは，基本的には100年以上前にKaterによって行われた方法と同じである．しかし，振り子や支点となる刃の形状の不規則性のために，得られる精度は 0.0001 ％ に留まっていた(Cook, 1967)[†17]．

　現在の方法では，物体が自由落下する時間を測定するが，これは短い距離や

時間をきわめて正確に計ることができることを利用している．このような装置としては2種類あり，一つは物体を投げて上下運動を測定する方法であり，もう一つは単に落下させる方法で，それぞれ長所短所がある．上下運動の場合は空気抵抗には影響されないが，投げ上げる際の振動の影響を取り除く必要がある(後者のタイプについては Zumberge, Rinker, Faller, 1982)[†18]．

b. 測定方法

図7.13に装置を示すように，落下物体 C_1 は，立方体の角をもつ**リトロリフレクター**として知られるプリズムであり，これに入る光線は内部で互いに垂直な三面で反射して逆方向にもどる．2次元の場合の様子を図7.14に示してある．

C_1 と同様のプリズム C_2 は，マイケルソン干渉計の腕の端部となる．光源は，ヘリウムネオンレーザーで波長は λ である．入射光はビーム分割器で分割され，C_1 と C_2 で反射された後，プリズムで結合され干渉パターンを生じる．干渉縞の一部分は光検出器に入り，光強度に応じた電気信号となる．

測定中に，C_2 は動かず，C_1 は重力のもと自由落下する．これにより干渉縞

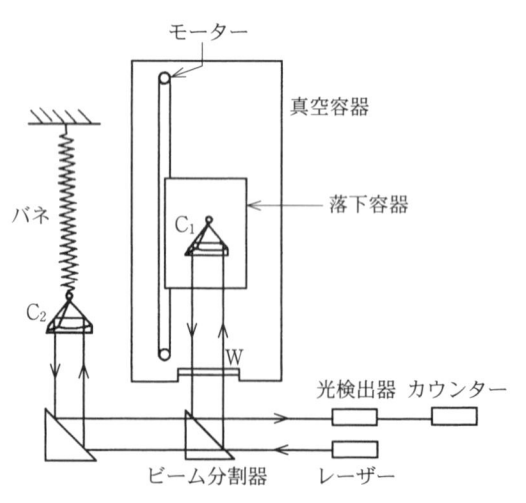

図 7.13 Zumberge, Rinker, Faller により開発された重力加速度 g の絶対測定装置．

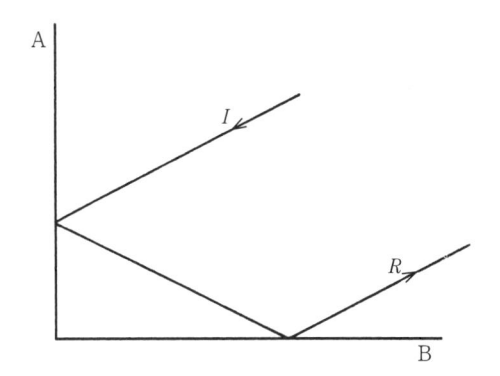

図 7.14 二次元のリトロリフレクター．A, B は互いに垂直に位置した鏡で，紙面に平行な入射光 I は二回の反射の後，I と正反対の方向 R に向かう光となる．

が動くが，C_1 が半波長分動くごとに電気信号は周期的に変動する．

全落下距離は約 170 mm であり，λ が 633 nm であるので，動いた干渉縞の数は，

$$N = \frac{170 \times 10^{-3}}{\frac{1}{2} \times 633 \times 10^{-9}} \approx 540\,000 \tag{7.10}$$

となる．12 000 回ごとにデジタル時計が時間を測定し，45 点の高さ h と時間 t のサンプリングが行われる．これらのデータから，

$$h = ut + \frac{1}{2}gt^2 \tag{7.11}$$

の二次式を満足するような u と g を**最小 2 乗法**により求めることができる．

光の速さは一定であるので非常に重要な標準となる．「メートル」は，光の進む時間によって定義できる(p.234)．そしてレーザー光の波長はその周波数からメートル単位で知ることができる．デジタル時計は，7.4 節で述べる時間を定義するときに用いられる**セシウム標準時計**(7.4 節 b)により較正できる．したがって，g の値は長さ(メートル)と時間(秒)の値を用いて定められる．

次に精度を考えてみよう．光検出器は干渉縞の動きの 0.2 % の変化を検出できるので，長さの相対誤差は

$$\frac{\Delta h}{h} = \frac{\Delta N}{N} = \frac{2 \times 10^{-3}}{0.54 \times 10^6} \approx 4 \times 10^{-9} \tag{7.12}$$

で与えられる．落下時間は 0.2 s で，0.1 ns の精度で測定できるので，時間の誤差は

$$\frac{\Delta t}{t} = \frac{0.1 \times 10^{-9}}{0.2} \approx 5 \times 10^{-10} \tag{7.13}$$

で与えられる．したがって g の測定誤差は長さの相対誤差，つまり $4/10^9$ の程度である．g は約 10 ms^{-2} であるから，$\Delta g = 40$ nm s^{-2} となる．しかし，この精度，あるいはそれに近い値を得るには，系統誤差がほぼ同レベルまで低減される必要があり，この目標値に向けた実験が設計される必要がある．次に，このレベルまで系統誤差を低下させるための装置について見てみよう．

c． 落下する容器

落下物体にかかる重力以外の力は極力すべて取り除くことが重要である．重要な要因としては空気抵抗と静電気力がある．空気抵抗は容器内の圧力を小さくすれば低減できる．しかし，きわめて低圧力下では，物体にたまった電荷を逃がすことができないので，静電気力が生じてしまう．このことは，以下に見るように，落下する容器内で物体を落下させることで対処された．

図 7.15 のように，LED(L) からの光は C_1 に置いた球 S により検出器に集光される．検出器は二つの要素，D_1 と D_2 からなり，それぞれ強度に応じて電気信号に変換される．L，D_1，D_2 は容器に固定されている．もし物体 C_1 が容器よりわずかに早く（遅く）落下したとすると，光は D_1(D_2) に集光する．D_1 と D_2 の電気信号の差を増幅し，容器を落下させるモーターを制御する．D_1 からの信号は容器の落下を加速し，D_2 からの信号は逆である．こうして，容器の落下する速度をサーボ制御 (6.8 節) することができる．C_1 は自由落下しており，容器の速度を制御するサーボシステムとは無関係である．容器は周辺の真空容器とつながっており，両者の圧力は一定である．

この**落下容器法は次のような三つの特長をもつ**．まず，空気抵抗を低減するための極端な低圧力を必要としない．なぜなら，落下物体と容器内の空気分子はともに落下しており，相対的な動きはないので，空気分子からは力が及ぼされない．しかし，実際には約 10^{-5} mmHg の真空を必要とする．これは空気抵抗によるものではなく，落下物体にかかる圧力と温度の勾配を低減するためで

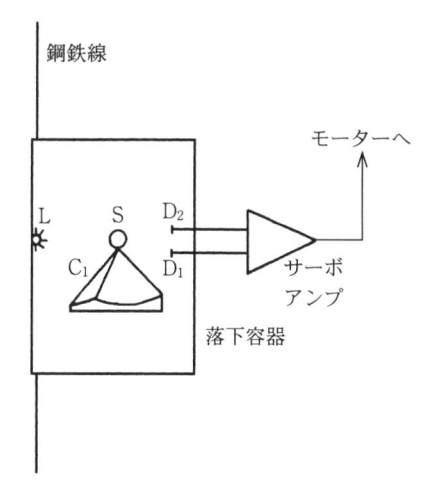

図7.15 落下する容器のサーボシステム．サーボアンプからの出力により，モーターが制御され，容器が固定された鋼鉄線を動かすことにより，落下速度を一定に保つ．

ある．この効果はきわめて小さいが，精度を高める場合は無視できなくなる．

2番目の特長は，容器を導体にしておけば，外部の静電場から物体を遮蔽することができる点である．最後は，測定終了時に容器の速さを制御することで物体をそっと受け止めることができて，素早く最初の位置に戻せるので，何度でも繰り返し実験が行えるという点である．

d. 長周期振動の孤立化による外乱の除去

これまでC_1の運動について考えてきたが，参照として用いた動かないC_2についても考えなければならない．まず，C_2が動かないということは保障できるのであろうか？ C_2は何らかの方法で保持するが，その指示点は地球上のある点に固定されている．この点は一般に人為的なあるいは地震などの振動による加速度が生じている．これらの振動はC_1の落下とは無関係で，系統誤差ではなく偶然誤差であり，系統誤差を取り除けば問題ない，と思われるかもしれない．しかし，偶然誤差があまりに大きいと，系統誤差を減らしても意味がなくなってしまう．したがって，まず，偶然誤差を減らすことが必要である．今，C_1を1回落下させたときに，C_2の支点の振動によるgの誤差が$100/10^9$

であり，これを $3/10^9$ まで減らしたいとする．**平均値の標準誤差は n 回の繰り返しにより $1/\sqrt{n}$ になるので**，1000回の試行が必要となる．したがって**測定回数を増加させるよりも，1回分の誤差を小さくするのが好ましく**，これにはサーボ制御されたバネを用いる．

C_2 がバネにつるされ，固有周波数 f_0 の振動系をなすとする．ここに，一定振幅で可変の周波数 f の正弦波がバネの上端に加えられると，減衰項が小さい場合，強制振動による C_2 の変位は，おおよそ $1/(f_0^2 - f^2)$ に比例する．ここで $f = f_0$ のときにはこの値は無限大となるが，実際には減衰項により有限値を取る．実際に重要なことは，$f \gg f_0$ のときに振幅はきわめて小さくなることであり，**C_2 がその上端の運動に影響されない（孤立している）**ということである．地震の場合は周期は $6\,\mathrm{s}$ であり，C_2 を孤立化するには $60\,\mathrm{s}$ 程度の周期にするようにバネを選ぶ必要がある．このときのバネの長さは $1\,\mathrm{km}$ となり，実行不可能である．

しかし，**サーボシステムを用いると，十分短いバネで，実効的に $60\,\mathrm{s}$ の周期を得ることができる**．図7.16のような，長さ L の長いバネが上端を固定し物体が下端 Q に固定されているとする．物体が垂直に振幅 X で振動すると，固定端からの距離に比例した振幅でバネのほかの部分も振動する．つまり，Q から l だけ離れた位置 P では振幅は $(1 - l/L)X$ となる．次に，長さ l の同じ材料の別のバネを用意し，その下端に同じ物質をつるすとする．物体が X の振幅で振動するとき，上端が $(1 - l/L)X$ の振幅をもつようにすると，全体の

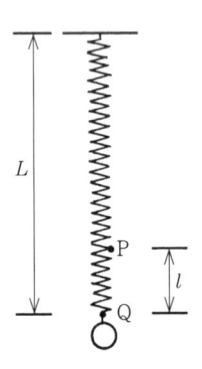

図 7.16　バネにつるされた物体の垂直振動

動きは最初のバネの PQ 部分と同じであり，とくに，振動の周波数は最初のバネと同じとなる．

図 7.17 はこの原理を示したものである．バネ(今の場合長さ l)の上端は落下容器を制御した場合(図 7.15)と同じくサーボシステムによりその位置は制御でき，円柱の容器 H に固定されているとする．容器の底には，光源 L と検出器 D_1, D_2 があり，球 S が C_2 の上端に取り付けられ，L から出た光を検出器上に集光するレンズの役割をしている．これにより C_2 が上下すると D_1, D_2 へ届く光の強度が変化することで，C_2 の容器 H に対する位置が検出できる．この信号は H 上端の(振動を生み出すための)音声コイルに入力される．増幅器のゲインは H の振動振幅を C_2 の振動振幅の一定割合になるよう調整される．この比率が 1 に近づくほど，バネの振動の周期は大きくなる．こうして，**サーボシステムにより，バネの振動を制御することで，1 km(L) ではなく 1 m (l) のバネで C_2 の孤立化を実現**できる．

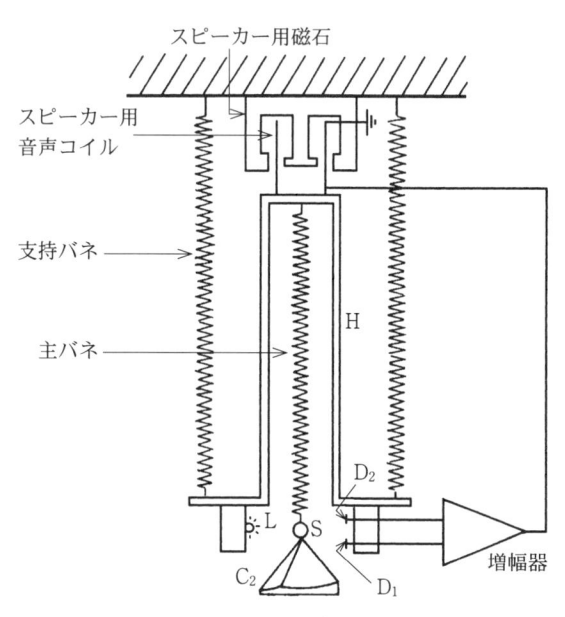

図 7.17 長周期孤立デバイス

e. その他の誤差

系統誤差を最小にするためには注意が必要であるが，ここでは，二つの例を紹介する．一つは光路に関することで，光線は重力方向と垂直でなければならない．そうでなければ，長さの測定は h ではなく，$h\cos\phi$（ϕ は垂直線とのずれ角）となる．これに関連して考えるべき影響は，真空容器（図 7.13 の W）がレーザー光の戻り光を避けるためわずかに傾けられていることである．これ自体は窓の表裏面が平行であるので光線の垂直性には影響しないが，圧力が両側で異なるため屈折率が多少異なってくる．したがって，傾いていると，この効果により光線の方向を変えてしまうことになる．しかし，光線の角度をほとんどゼロ（窓に垂直）に設定することで，この効果は無視できる程度になる．

もう一つの誤差は，干渉縞の通過を記録する検出器からの振動電気信号を増幅する回路から生じる．落下物が下がると，信号周波数は時間とともに線形に増加し，初期には 1 MHz 程度であるものが最後には 6 MHz 程度となる．増幅回路は周波数に依存して位相差を生じる．周波数に対して線形に変化する位相差は誤差に影響しないが，非線形の場合，影響を与えることになる．位相は増幅器の帯域によって変化するから（Horowitz, Hill, 1989）[†7]，誤差を必要なレベルまで下げるには，ゼロから 30 MHz 程度までの帯域が必要になる．

f. 結果

この装置を用いた実験はいろいろな場所，コロラド州ボルダー，パリ近郊のセーブルなどで行われた．図 7.18 は，1981 年 5 月に行われたボルダーでの一連の実験結果である．g の値は同じ場所でも時間とともに潮の干満に応じて変化する．この変化はいくつかの異なる周波数成分からなっており，もっとも大きいものが一日と半日の周期である（Cook, 1973）[†19]．各点は 150 回の落下による結果を示している．干満の影響を除いた場合，偏差の 2 乗平均平方根（root-mean-square : rms）の値は 60 nm s^{-2} である．

異なる場所での測定は平均の誤差として 100 nm s^{-2} となり，これは相対誤差として 10^{-8} となる．この値は，先に述べた可逆振り子を用いて導出したもっとも正確な測定値より 100 倍も精度が高くなっており，3 cm の高さでの g

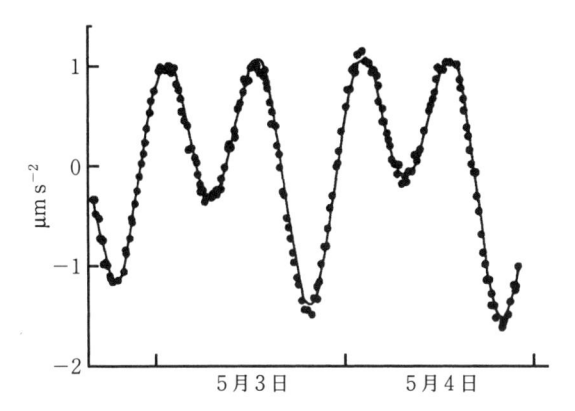

図 7.18 コロラド州ボルダーで測定された重力加速度 g の潮の満ち引きによる変化．1981 年に行われた(Zumberg, Rinker, Faller, 1981)．実線は理論値を示す．

の変化に相当するもので，驚くべき値である．

1982 年のこの実験以来，装置は改良され(Niebauer, 1995)[20]，数多くの絶対重力測定装置が世界の至る所で開発された．1994 年には 5 箇所で 11 の装置で比較が行われ，g の誤差は $3\sim4\times10^{-9}$ まで小さくなった(Marson ら, 1995)[21]．

1999 年には興味深い実験が行われた(Peters, Chung, Chu, 1999)[22]．これは，原子を落下させて測定するもので，3×10^{-9} の誤差比となっている．また，g の値は通常の物体で得られた結果と，7×10^{-9} の精度で一致している．この実験は**きわめてセンスのよい原子レベルの手法を**用いている．詳しくは *Nature* 誌に掲載された論文を参照されたい．

7.4 周波数と時間の測定

a. はじめに

周波数とその逆数である時間は，物理量の中で，常に，より高い精密さで扱われ，測定されてきた．これは，基礎的に重要であるのみならず多くの応用があるからである．標準の周波数の振動を発生させる方法はいくつかある．もっとも単純なのは水晶振動子を用いる方法で，圧電効果により作動し，幾何学的構造や弾性的特性に応じて様々な周波数の電磁波を発生できる．0.001 % の周

波数安定性をもつ結晶も手に入れることができる．水晶の温度が制御できれば，$1/10^{10}$ の安定性を得ることも可能である．

b． セシウム原子時計

さらに高い安定性をもつのが，原子の二つの電子準位間の遷移で決まる周波数をもつ振動子を用いる方法である．もっとも安定なのはセシウム原子である．セシウム時計について説明するには量子力学の知識が必要となるが，ここでは基礎的な考えを紹介する．セシウム原子は同位元素を一つしかもたない（^{133}Cs）．核スピンは $\frac{7}{2}$ である．基底状態で一価であり，電子のスピンは $\frac{1}{2}$ で，軌道角運動量はゼロである．核スピンと電子スピン角運動量を合わせた量子数を F で表すと，量子力学によればその値は，$4\left(=\frac{7}{2}+\frac{1}{2}\right)$ と $3\left(=\frac{7}{2}-\frac{1}{2}\right)$ になる．核と電子のスピンの運動は磁気双極子モーメントを生じさせる．$F=3$ は二つの磁気モーメントが同じ方向を向いた状態，$F=4$ は反対方向を向いた状態に対応する．これら二つの状態のエネルギー差がわずかだが生じ，$F=3$ の方が低い状態となる（図 7.19）．セシウム原子集団を考えると，両状態が混在しているが，f_0 の周波数の電磁波を照射し，その値が，

$$\Delta E = h f_0 \tag{7.14}$$

を満たす（ここで，ΔE は状態間のエネルギー差，h はプランク定数）と，$F=4$ の原子は $F=3$ に，逆に $F=3$ は $F=4$ へと遷移が生じる．周波数が f_0 と等しくなければ遷移は生じず，状態は変化しない．

セシウム時計の構成を図 7.20 に示す．セシウムは 100 ℃ の高温炉の中に入っており金属セシウムが蒸発する．蒸発ビーム中には $F=3, 4$ 状態がほぼ同量の割合で混在しており，不均一な場を構成する磁石 A の中を通過する（開発者の名前をとって Stern-Gerlach 磁石とよばれる）．不均一な磁場により，原子にはその磁気双極子モーメントに応じて偏向力が働く．2種類の状態の原子

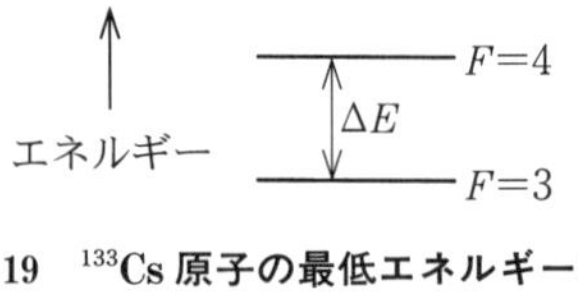

図 7.19　^{133}Cs 原子の最低エネルギー状態

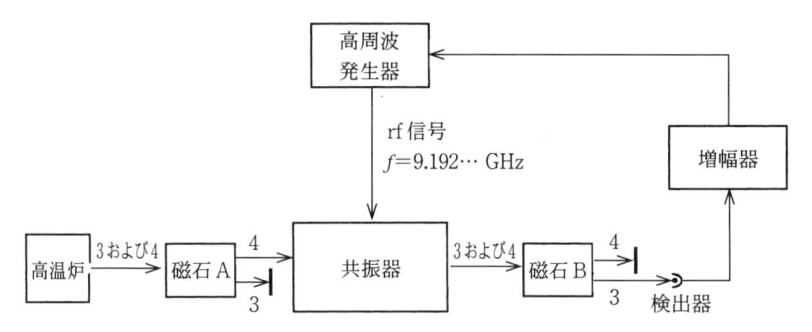

図 7.20　セシウム原子時計の模式図．F の値（3 か 4）が，光路の横に示されている．

は異なる磁気モーメントをもつので，この作用によりそれらを反対方向に偏向させる．その結果二つの状態の原子が異なる位置から射出されるが，$F=3$ のものは図のようにブロックされる．$F=4$ の原子は周波数 f_0 の高周波をかけた共振器に入る．この結果，共振器から出るときにいくつかの原子は $F=3$ 状態となる．さらにビームは磁石 A と同じ 2 番目の磁石 B の中を通過する．$F=3, 4$ はより分けられ，今度は $F=4$ の状態の原子をブロックする．$F=3$ 状態の原子，つまり遷移の生じた原子はタングステン製の検出器にぶつかり，原子の到着数に応じて信号を発生する．もし，共振器内で照射する高周波の周波数が f_0 からずれると，共振器内での遷移確率は小さくなり，検出器の信号も小さくなる．電気信号により周波数が f_0 より大きいか小さいかが決まるので，サーボシステムにより，共振器内の周波数を f_0 にロックすることができる．

このセシウム時計の精度は 10^{-14} より高い．セシウム原子が共振器内に滞在する時間が長いほど，周波数の精度は高くなる．最近の実験では，この長時間化はレーザー光線のフォトン（光子）による放射圧でセシウム原子の速度を遅くすることで実現され，**レーザー冷却**とよばれる (Cohen-Tannoudji, 1998)[†23]．原子を上方に投げ出して同じ径路を重力によってもどるようにした**噴水法**とよばれる方法を用いて測定することで，さらに精度が 10 倍になっている．振動周波数を安定化させるために，レーザー冷却と同じくフォトンの放射圧で捕獲（レーザートラップ）したイオンの状態間の遷移を利用する実験も行われており，さらに高精度の値を得ることが期待される．

c． 時間の定義と他の応用

セシウム時計はきわめて安定であることから1967年以来時間を定義するために用いられてきた．それ以前は，時間は地球の公転周期で定義されていたが，もちろん，地球の自転や公転周期はセシウム時計ほど正確ではなかった．時間の定義は f_0 に対応する9.192 631 770 GHz という特定の周波数を用いる．

周波数や時間はきわめて精密に測定できるので，ほかの多くの物理量がこれらの値に結び付けられている．たとえば，「**1メートルは光が一定時間に進む距離**」で定義される．また，われわれは物理量を周波数に対応させて測定する．たとえばジョセフソン効果により電圧は周波数を関連づけられ，きわめて精度が高く再現性のよい SI 単位系の1Vが定義できる(p. 109)．

ほかの例として，磁場を測定する際のプロトン磁気共鳴法がある．プロトンは磁気双極子モーメント μ_p をもつため，磁場 **B** 中で双極子は磁場に対し平行か反平行となり，これら二つの状態のエネルギー差は $2\mu_p B$ である．もし，

$$hf = 2\mu_p B \tag{7.15}$$

を満たす交流電磁場 f が，プロトン系，たとえば少量の水にかけられると，二つの状態の遷移が生じる．これにより電磁場からエネルギーを吸収することから，こうした系を用いることで共鳴の様子を検知することが可能になる．プロトンの磁気回転比 $\gamma_p = 2\mu_p/\hbar (\hbar = h/2\pi)$ を用いると7.15式は

$$\omega = 2\pi f = \gamma_p B \tag{7.16}$$

と表される．γ_p は 4×10^{-8} の誤差で知られており，周波数の測定により高い精度で磁場を測定することが可能になる．

d． 時間尺度

時間の定義に付け加えて，きわめて高い原子時計の安定性により，世界標準の時間尺度を定義できる．世界各国の研究所の 200 以上の原子時計の出力が，パリの郊外の国際度量衡局(International Bureau of Weights and Measures：BIPM)という組織に送られ，そこですべての時計の加重平均により時間尺度が定義される．これは国際原子時(International Atomic Time：TAI)とよばれ，その精度は 10^{-14} である．われわれは，この値を一般的な時間尺度とし

て用いることができるが，実用的には，その値が多少変化しても地球の自転周期を用いるのが便利な場合がある．

　精密性の要求にこたえて，地球の平均の自転にもとづく新しい時間尺度，協定世界時（Coordinated Universal Time：UTC）が開発された．これは TAI と同期するが，時間を調整するため，「うるう秒」が挿入される*著者注．「うるう秒」の挿入は，地球の自転を正確にモニターしているパリの観測所によってなされるが，1972〜2019 年の間に 27 回加えられた（原理的には引かれることも考えられるが，これまでにはそういった例はない）．最終的には，UTC は原子時計の精度で決定され，地球の自転をもとに 1 秒の時間精度で修正される．うるう秒の挿入時期については前もって発表されるので，全世界で合意の取れた公式時間尺度として用いることが可能である．UTC は天文学などの科学分野でも用いられ，世界の異なる研究期間のグループが観測時刻を同期させることができる．

　世界中の多くのラジオ局が原子標準を用いて保持されている搬送周波数で放送を行っている．たとえばイギリスでは，国立物理研究所（National Physical Laboratory：NPL）が MSF として知られる 60 kHz の搬送波（精度 $2×10^{-12}$）を Rugby から発信している*訳者注．その信号は研究所内の発信器（あるいは最近では安い国内のラジオ時計）に送られ，同等の精度で保持される．

7.5　全地球測位システム（Global Positioning System：GPS）

　ここ 30 年間の間に，セシウム時計（7.4 節 b）は精度が高くなったことに加え，様々な環境下で安定に動作するようになり，また，そのサイズは小さくなってきた．それにより原子計時のきわめて重要な応用として，全地球測位システム（GPS）*訳者注 が開発され，地球上の物体の位置をきわめて正確に定めることが可能になった．

著者注* うるう秒を挿入する際，TAI に従って時を刻む時計をもつ人は，UTC の 1 分が，そのとき，60 秒ではなく，61 秒になることを経験するであろう．
訳者注* 日本では時間の標準信号は福島県と佐賀県から発信されており，電波時計はこの信号を受けて自動的に時間を較正している．
訳者注* GPS（アメリカ）は「衛星測位システム（GNSS）」の一つであり，そのほか，みちびき（日本），Galileo（欧州），GLONASS（ロシア），BeiDou（中国），NAVIC（インド）がある．（2023 年現在）

a. システムの原理

システムは 20 000 km 上空の軌道にある 24 機の人工衛星を用いる．それぞれの衛星は原子時計を備え，7.5 節 b で述べるように，ある変調パターンを持つ高周波信号を発する．地上のどの点においても少なくとも四つの衛星から信号を受け取れるように衛星の間隔を決めてある．受信器には時計とコンピューターが内蔵され，各衛星から受信器までに届くまでの時間が計算できる．信号は光速で届くので各衛星からの距離が測定でき，衛星の位置も確認される．これらの情報をコンピューターで計算することで，1 m の誤差で地球上の受信器の位置を決定することが可能になる．

図 7.21 は二次元での原理を示したもので，S_1 にある衛星からの信号が届く時間が t_1，S_2 の衛星からが t_2 だった場合，受信器は S_1 から $r_1 = ct_1$ (c：光速) の位置に，S_2 から $r_2 = ct_2$ の位置にある．その結果，受信器はこれらの円の交点に存在することになる．図では A，B 2 点の交点があるが，おおよその位置の情報を知ることでどちらかを決定するのは容易であろう．3 次元では，三つの衛星からの信号が必要であり，その位置は三つの球の交点で決定できる．この場合も二つの交点があるが，どちらか一方のみが地球上の点となり，他方は，地球の奥深くか，宇宙空間に位置するため，一箇所に決定できる．

b. 信号の伝送時間の測定

信号の伝送時間はきわめて巧妙に測定されている．おのおのの衛星からの信

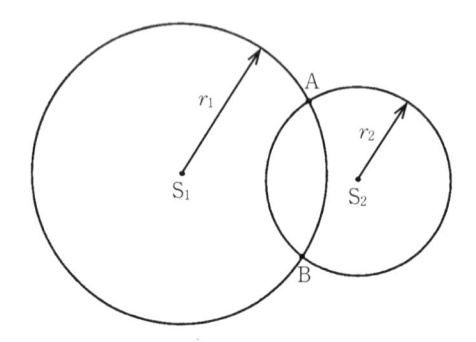

図 7.21　GPS の原理．受信機は S_1 から r_1 の位置，S_2 から r_2 の位置に存在し，この位置は，A または B に対応する．

号は疑似ランダムパターンからなる．すなわち，系列は一見ランダムだが，実際はある定式で決定されている．図7.22のように，それぞれの信号の系列が発信時間とともに，受信器のコンピューターのメモリに格納される．(a)は送信された信号の時系列の一部を示したものである．この送信信号は，伝送時間 t_s の遅れにより，(b)のように受信される．遅れ時間 t_s の値は，コンピューターにより，(b)の信号をどれだけ進めれば(a)との相関が最大になるかを計算することで求められる．

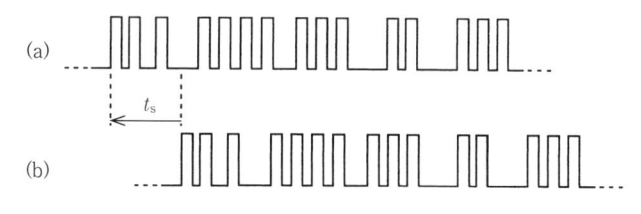

図 7.22 到達時間 t_s の測定原理図．(a)は人工衛星による発信波．まったく同一の信号パターンが受信器に記録されている．(b)は受信側の信号．コンピューターにより，両者の相関を調べ，遅れ時間 t_s を決定する．

c． 受信器時計の補正

三つの衛星からの信号により3次元の位置を求めることができる．しかし，情報がこの三つのみから伝わるならば，受信側の時計が衛星と同等に精密であることが要求されるが，個々の受信器に原子時計を入れることはその費用の高さから不可能である．そこで四つの衛星からの信号を用いることで，時計を修正する信号の情報を得て，比較的安価で精度の低い水晶時計を用いることが可能になることを見てみよう．

図7.23に2次元での方法を示すが，この場合は三つの衛星からの信号があれば，時計の修正を行うことができる．図では受信側の時計の動きが速い場合を示してある．その場合，測定を基に計算から得られる時間は長くなり，円の半径が大きすぎるようになる．その結果，細線で表される，正しい時間から計算された一点Pで交わる代わりに，太線で示すようにA，B，Cの3点で交わることになる．コンピューターでこの三つの交点から実際の受信器の位置であ

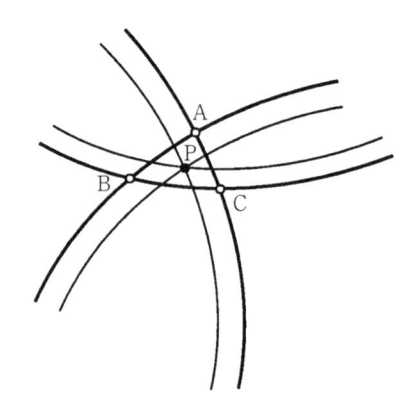

図 7.23 受信器の時計が進んでいる場合の誤差の訂正方法の説明図．訂正なしの場合は太線で表し，3 点 (A, B, C) で交わっている．コンピューターにより，円の半径を縮め 1 点で交わるように時計の誤差を計算する．

る P 点を求める計算は容易である．

d. GPS システムの特長と応用

　GPS はアメリカ国防総省で軍事用に開発され，最初の衛星は 1978 年に打ち上げられた．続く衛星は改良されており，それぞれが四つの原子時計を搭載している．光は 10 ナノ秒 (ns) で 3 m 進むので，1 m の位置分解能をもつためには時間は数 ns で測定しなければならない．セシウム時計は一日あたり $2 \sim 3 \times 10^{-14}$ の精度があり，これは数ナノ秒に対応する．衛星の時計は位置のわかっている地上の異なる地点に設置された制御基地によりモニターされている．信号は衛星に返送され，必要に応じて修正も行われる．用いられる時間尺度は原子時間 (TAI) にもとづいている．

　制御基地はレーザー光線を反射させ信号の到達時間を測定することにより衛星の位置をモニターすることもできる．衛星は直角反射装置 (p. 110) を備えており，衛星の向きにかかわらずレーザー光線を反対方向に反射する．計測は，数 cm の精度をもつ．

　アメリカ政府は GPS システムを軍用だけでなく民生用にも用いてきた．たとえば船，飛行機，大衆車を含む地上の車，あるいは山や海を楽しむ人に対して道案内 (ナビゲーション) として使われている．ほかにも多くの用途があり，

たとえば，きわめて正確であることから，地球の地殻変動を計測し，地震の予測にも用いられる．さらに，大気中の水分が信号の到達時間に影響することを利用して，天気予報にも利用される．また，受信器の場所がわかっていれば，大気中の水分が測定できる．ほかにも多くの用途があり，その数は次第に多くなっているが，異なる用途に対応した多様なGPS受信器を容易に手に入れることが可能になっている．

これらの詳細に関する多くの出版物がある．原子時計と時間尺度(Jonesによる "Splitting the Second", 2000)[†24]，日時計から水晶時計，セシウム時計，分子増幅器，イオントラップなどのデバイスに関する物理(Majorによる "The Quantum Beat", 1998)[†25]，GPS(Herring, 1996)[†26] などについては，それぞれ文献を参考にされたい．

練 習 問 題

7.1　7.6式を証明せよ．

7.2　6Vのツェナーダイオードが1mAで使用されると，動作抵抗は3Ωである．もし電流が2％変化すると，電圧の相対変化はどうなるか？

7.3　重力加速度の$1/10^8$の減少に対応する高さの増加分を求めよ．

ハッブル定数と宇宙の年齢

1929年,ハッブル(E. Hubble:1889〜1953)は,いくつかの銀河までの距離(r)とその後退速度(v)を調べ,両者の間に,

$$v=H_0 r$$

という関係があることを見出した.これがハッブルの法則で,比例係数 H_0 を**ハッブル定数**とよぶ.ゴム風船に記された点が,風船をふくらませると,遠い点ほど,お互い早く遠ざかることになぞらえられるが,宇宙が膨張することを支持する実験結果として,宇宙背景輻射の発見とともに非常に重要な発見の一つである.宇宙の年齢は,およそ,$1/H_0$ として考えられる.

さて,ハッブル定数を求めるには,天体までの距離(r)とその後退速度(v)を測定することになる.後退速度の方は,ドップラー効果(電車が近づくときと遠ざかるときで音の高さが異なる現象で,天体が遠ざかるとき光の波長が長くなる)を利用すると,比較的簡単に求めることができるが,天体までの距離を求めるのは,なかなか難しい.

実際,最初にハッブルが求めた H_0 の値は,526 km sec^{-1} Mpc^{-1} で,この値から推定される**宇宙の年齢**は,20億年程度であった.地球の年齢が45億年程度であるため,地球より,その入れ物である宇宙の方が若い,という矛盾のある結果となった.これは,距離を求めるのに利用した変光星の明るさと周期の関係に誤りがあったからで(1950年代に判明),ハッブル望遠鏡を使って求めた現在の値は,約 70 km sec^{-1} Mpc^{-1} となっている.しかし,たかだか,6 000万光年の天体を対象にした測定結果である.

その後,銀河団までの距離を用いてハッブル定数を求める方法が開発された.先に述べたように宇宙は絶対温度3 Kの黒体輻射で満たされている.この光子が銀河団を走りまわる電子によって散乱されエネルギーが変化する現象を,スニヤエフーゼルドビッチ効果とよぶ.この効果は,銀河団の方向によっ

て背景輻射の強度が異なって見えることで観測される．この変化は，銀河団の電子密度，大きさに比例し，x線観測から得られる銀河団の電子密度，温度と合わせると，銀河団の大きさが求まる．大きさがわかると，三角測量により距離が求まることになる．この方法だと，約数10億光年先の銀河団の距離を決めることができる．こうして得られたハッブル定数は，約$60\ \mathrm{km\ sec^{-1}\ Mpc^{-1}}$となり，宇宙の年齢は170億年ほどになる．

ここで，パーセク(pc)とは視差を基準に決められた単位で，太陽と地球の平均距離(1天文単位)だけ離れた2点から見た視差が$1\ \mathrm{pc}\ (3\times10^{16}\ \mathrm{m}=$約3光年)である．

一方，NASA(米国航空宇宙局：National Aeronautics and Space Administration)は，2003年2月12日，人工衛星WMAP(Wilkinson Microwave Anisotropy Probe)による観測結果をもとに，宇宙の年齢は，137 ± 2億年，今後も膨張し続け，収縮することはないと発表した．宇宙全体のエネルギーのうち，バリオン物質(水素のような原子でできた通常の物質)はわずか4.0 ± 0.4％，ダークマター(未解明の暗黒物質)が23 ± 4％，そして73 ± 4％が宇宙の膨張にかかわると考えられているダークエネルギー(アインシュタインが宇宙を安定させるために導入した，反発力を生み出す宇宙定数とよばれる項に対応するエネルギー)である．また，星の誕生は，従来予測されていたより早く，宇宙誕生後の1億〜4億年の間に星が生まれ銀河が形成された，としている．

8　実験の論理

【本章のキーワード】
系統誤差　測定順序による誤差の回避　補正
絶対測定と相対測定

8.1　はじめに

「系統誤差」というのは実験のミスを遠回しに述べたものであり，大きく分けて以下の三つの原因がある．

a)　不正確な測定装置．
b)　仮定と異なる実験器具．
c)　誤った理論（考慮されていない影響の存在）．

この中で，a)は較正すれば改善できるが，ほかの二つについてはてっとり早い改善策がない．これらを除去するには，科学を深く学び，経験を重ねることで，その要因を見抜く力を養うことになるが，後で述べるような順序で実験を行うと，ある種の誤差は見つけることができ，時には取り除くこともできるようになる．そのような手続きをこの章で説明しよう．これらは特殊なものもあるが一般的なものもあり，心に留めておくとよい．

系統誤差を見つけそれを取り除くことは，重要なことにもかかわらず，消極的な作業のように聞こえるかもしれない．しかし，発見された系統誤差は，これまで知られていない現象によるものかもしれず，**誤差というより，「効果」**とよばれるべきものかもしれない．いい換えると，**注意深く測定すれば，新しい何かを発見し，自然界の理解が深まる**ことになる．

8.2　器具の対称性

実験器具が対称で，ある値を反転させたり二つの成分を入れ換えても結果に影響がない場合（あるいは，後で述べる2番目の例のように予測できてもよ

い)，ぜひ，この点を活用すべきである．二つの例を示そう．

　ある物質の熱伝導をはかる場合，試料の2点P，Q間の温度差を測定する必要がある．今この測定を一対の同種の温度計で行うとする．温度計を交換して測定しても結果は変わらないはずである．したがって，実際に交換して測定し，結果が変わった場合，この温度計による計測は正しくないということになる．もし温度差が小さい場合，一回の計測で結果を算出するのは，大きな誤差を含むので危険である．温度計を交換して測定を行い，これらの値を平均することで誤差を小さくできる（もっとよいのは温度の差を計算するのではなく，直接その差の値を読むことである．これにはP，Q点に白金抵抗温度計を取り付け，これらを，次の例にあるホイートストンブリッジの反対側の回路に接続する）．

　2番目の例は，ホイートストンブリッジであり，その回路を図8.1に示す．Rは未知の抵抗体，Sは値のわかっている標準抵抗である．Rの抵抗値は検流計Gに流れる電流がゼロとなるようにABの長さx_1を決めればよい．このときACの長さをlとすると，

$$\frac{R}{S} = \frac{x_1}{l-x_1} \tag{8.1}$$

が成り立つ．対称性から，RとSをかえると，ABの長さはx_1にかわって

$$x_2 = l - x_1 \tag{8.2}$$

となるはずである．交換すると異なる値が得られるが，これは末端(A, C)の接触抵抗が異なるためである．

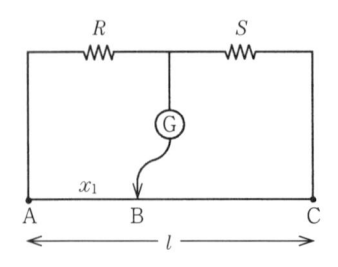

図 8.1　ホイートストンブリッジ．Rは未知抵抗，Sは標準抵抗，Gは検流計である．

8.3 測定の順序

次の例のように測定の**順序**がきわめて重要になる場合がある．三人の学生が液体中を沈んでいく球体の終速度がその球の直径でどのように変化するかを問われ，サイズの異なる四つのボールベアリングと，大きなグリセリンの入ったシリンダーを与えられたとする．

学生Xは一番大きなボールを選びその終速度を5回測定し，その後，次に大きなもの，と順番に同じ測定を繰り返したとする．彼の測定結果が思わしくなかったとして，それは，なぜだろうか？　理由は，実験の間に部屋の温度が徐々に暖まり，グリセリンも同様に温まっていたことによる．終速度はボールのサイズだけでなく液体の粘性にも左右されるが，グリセリンの粘性は，ほかの液体と同様に，温度の上昇により一気に低下するのである．したがって，それぞれのボールを測定したときのグリセリンの平均の粘性は異なっており，測定された終速度はたんにボールのサイズの違いだけを反映しなくなってしまったのだ．

学生Yは，学生Xより科学を知っており，終速度が粘性に依存し，したがって，温度に依存することを知っていた．彼は，グリセリンの温度を一定にする装置をつくった．彼は学生Xと同じ要領で実験を行い，はるかによい結果を得たが，それでも不正確であった．これは，学生Yの知らないうちに，速度を測定するための時計が徐々に遅れ，四つのボールに対して系統的に異なる影響が及んだからであった．

最後の学生Zは，学生Xと同様に温度の効果は知らず，また学生Yと同様に時計は徐々に遅れていた．しかし，彼はきわめてよい結果を得た．それは彼が無意識に行った測定の順番によっていた．今，四つのボールをA，B，C，Dとする．Aを5回測定し，Bを5回測定するという順番ではなく，ABCDABCD…と測定を行うと，学生Xの測定で，AとDでは粘性の差が大きく影響したのに対して，徐々に粘性が変化する状態でも異なるボールを次々に測定することで系統誤差を小さくできる．しかし，この場合も，Aが常にDより粘性が高くなっていることになるので，もっとよい順番は，ABCDDCBAである．この順番での測定を時間の許す限り繰り返し測定するとよい．これ

が，学生Zが行った方法である．さらによいのは，ABCDDCBAの次にBCDAADCBを行う方法である．こうして全系列で測定すると，液体の粘性のなだらかな時間変化や時計の効果，さらにはボールのサイズ以外の効果はすべて低減できるのである．

　学生Zの行った方法はまだ改良できる．彼が温度の効果を知らなかったことは，決してよいわけではない．つまり，この実験は液体の温度にきわめて敏感であり，**有能な実験者ならば**，学生Zが行った実験順序で行うだけでなく，液体の温度変化と直径との間には何ら相関がないことを確かめるために，時々温度も測定したはずである．

8.4　意図的な変化と意図的でない変化

　ある量を変化させその影響を測定する際，そのほかの条件は一定にしておく．しかし，一定にしたつもりの条件が変化する可能性があり，前節ではその変化を小さくする方法を述べた．この方法はきわめて有効だが，好ましくない変化が，変化させようとしている量に関連しない場合に初めて適用できるものである．つまり，前に示した例では，グリセリンの温度も時計の正確さも，続けて落としていくボールの直径には直接影響していないのである．

　しかし，次のような実験を考えてみよう．磁場をかけることで強磁性体の寸法がどう変化するか（磁気歪）を調べるとする．鉄の棒をソレノイドコイルの中に入れ，コイルに電流を流して磁場を変化させ，棒の長さの変化量を測定する．磁気歪による変化量はきわめて小さく，完全に強磁性体の磁化を変化させたとしても，その量は 5×10^{-5} 程度である．したがって，測定の精度を高めるためには，試料の温度を一定に保持する必要がある．さもなければ，熱膨張により磁場の効果が隠されてしまう．この場合，電流を大きくするとソレノイド内の温度が上昇し，試料の温度が上昇する．つまり変化させる電流によって温度が高くなるので，前節の方法はここでは適用できなくなってしまう．このような場合には，たとえばソレノイドを水冷された軸に巻き付けるなどして，コイルに電流を流すことによる温度上昇を防ぐことが重要である．一方，この逆の効果も誤差の要因となり得る．つまり，炉を暖めるコイルヒーターに電流を流すことで磁場が発生すると，測定に影響することが考えられる．

8.5 ドリフト

8.3節では，**実験中にゆっくりと系統的に変動する現象**を扱った．これを**ドリフト**とよぶ．温度のほか，よく変動する量としては，気圧と湿度，電池の電圧，電源電圧とその周波数などがあげられる．適切な順番で実験を行うことで，これらの変化の影響を少なくすることができるが，もちろん，まずそれらの変動を回避し，最小限に抑えることが重要である．これは，通常，6.7節，6.8節で述べた負帰還(NFB)回路によってなされる．

8.3節では装置のばらつきについても触れた．装置はドリフトを生じやすく，ゼロ点や感度も変化することを肝に銘じるべきである．したがって，**実験中に何度か較正を行う必要がある**．しかし，**較正自体も順序によっては系統誤差の原因の一部となり得る**ことを考えておかなくてはならない．たとえば，二つの電圧値 V_1 と V_2 を電圧計によって比較するとき，電圧計の電池の起電力は時間により減少する．その場合，電圧計を較正した後に，常に V_1 を V_2 より先に測定すると，V_1 の値は V_2 より必ず小さくなるという系統誤差を含んでしまう．

8.6 系統的なばらつき

表8.1は一本の金属線の直径を長さ方向に沿った異なる位置 x で測定したものである．「直径 d の最良値と標準誤差を求めなさい」と問われたらどうすればよいだろうか(実際考えてみられたい)．

X, Yの二人がこの問題に取りかかったとする．Xは物事を疑わない人間

表 8.1 細線のいろいろな長さ部位での直径の測定値

長さ/m	直径/mm	長さ/m	直径/mm
0.0	1.259	0.3	1.209
0.0	1.263	0.4	1.214
0.0	1.259	0.5	1.225
0.0	1.261	0.6	1.248
0.0	1.258	0.7	1.258
0.1	1.252	0.8	1.256
0.2	1.234	0.9	1.233

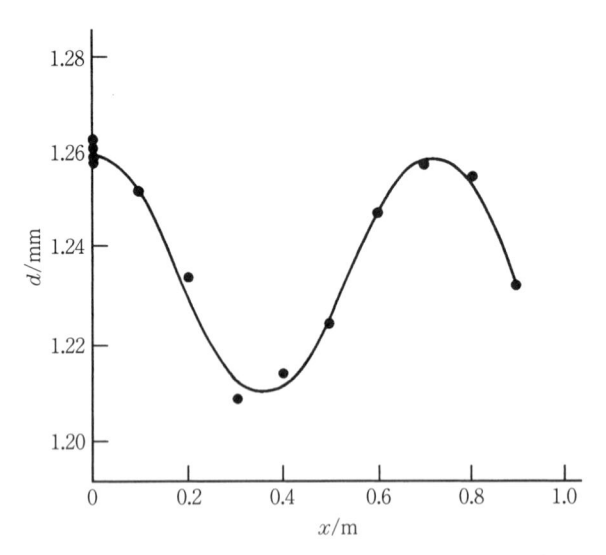

図 8.2 細線の異なる長さ部位での直径の測定値：表8.1のプロット図

で，最良値は平均値であるといわれ，すべての測定値を計算機に入力し，平均値と標準誤差をそれぞれ，1.245 mm，0.018 mm と求めた．

一方 Y は，これらの値がランダムには変化していないことに気付き，図 8.2 のようにグラフにプロットした．確かに系統的に変化しており，すべての計測値を用いて平均化するのは意味がないと判断した．つまり $x=0$ の点では 5 回測定されており，平均するとこの部分の重みがかかってしまう．そこで，この 5 回分の測定値を，一つの値，つまり平均値の 1.260 に置き換えた．そして全 10 個分のデータを平均し，1.239 を最良値とした．さらに彼は，直径のばらつきが位置に依存することから，これらすべてのデータから標準誤差を出すのは適切でないと判断し，$x=0$ の位置でのデータのばらつきから標準偏差 σ を 0.002 mm と決定した（$x=0$ でのばらつきが偶然誤差によるものか，あるいは $x=0$ 位置では金属線の断面が円ではないのかは測定についての情報がない状態では判断できない）．

Y のやり方は賢い方法であるが，最良値 d に関連して少し述べておこう．d は系統的に変化するので，求める値は必ずしも Y の行った平均値 d_m である必要はない．たとえば，金属線の抵抗をはかりその物質の抵抗値を求めたい場

表 8.2　音速の測定値

周波数/Hz	1 000	720	200	600	380
音速/m s^{-1}	346.7	341.5	338.6	342.2	339.6

合，必要なのは $1/d^2$ の平均値であり $1/d_m^2$ とは一致しない．今の場合，その差は小さいが，時には大きくなる場合があり，正しい平均値を得る必要がある．

もう一つの検討すべきことは，誤差以上のばらつきがあるデータの取扱いである．室温，大気中での音速の測定結果を表 8.2 に示す．これらのデータは，共鳴管内での各周波数の定在波の波長を測定し求めたものである．それぞれの周波数で多くの測定が行われ，各点での測定値の標準誤差は

$$\sigma = 0.7 \, \text{m s}^{-1} \tag{8.3}$$

で与えられる．

さて，何人かの学生は単純に5点の平均を取り，誤差として

$$\sigma_m = \frac{0.7}{\sqrt{5}} \approx 0.3 \, \text{m s}^{-1} \tag{8.4}$$

を採用するだろう．しかし，彼らは軽率にも，測定結果のうち三つは平均値から 3σ，4σ，7σ もかけ離れていることを無視してしまっている．もし，8.3 式で与えられる誤差が論理的に正しいならば，いくつかの系統誤差が含まれていることは明瞭であり，**これが何であるかわかるまでは，平均値も標準誤差 σ_m を計算しても意味がない．**

一般の波の運動に関して，速度は周波数に依存するが，これは**分散**とよばれる．空気中での音波に対しては，これまでの研究によると，表 8.2 の周波数範囲で分散は確認されていない．しかし，共鳴管を用いた実験の場合，周波数に依存する修正を行う必要がある (Wood, 1940)[†27]．今の実験ではこの影響が系統誤差として入る可能性がある．あるいは，周波数の値にも系統誤差があるかもしれない．

図 8.3 のように速度を周波数に対してプロットすると，ある相関（速度と周波数の間の関係）が見てとれる．実験が大変でなければ，ほかの周波数でも同様なデータを取ればこの相関がもっとはっきりするだろう．**相関があれば，周**

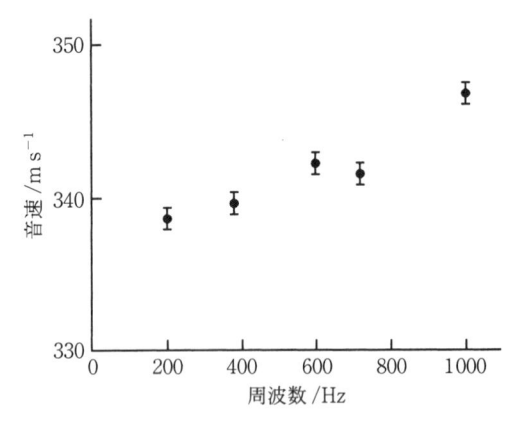

図 8.3 周波数による音速度の測定値：表8.2のプロット図.

波数に依存する修正をすべきであり，また，**周波数自体もどうやって得られた
かを検討すべき**である．

　もし相関がなければ，ほかの原因を探す必要がある．たとえば，8.3式の σ の値は測定値から正しく計算されたものであるが，各周波数での値のばらつきが誤って小さくなっているかもしれない．たとえば，共鳴状態を耳で検出し，一連の測定が同じ周波数で行われたとする．実験者は，それぞれの周波数において最初の読みに影響され，次の測定時も最初に近い読みとなる傾向があるかもしれない．こうした誤差は，一つの周波数での測定は1，2回に留め，これを繰り返すことにより**前の値にとらわれず測定することで**回避できる．

　ここでは，測定結果が誤差の範囲よりもばらつくときに考えられる理由を扱ったが，こうしたことは，実際よく見られることなので注意しよう．

8.7　計算および実験にもとづく修正

　多くの実験では，系統誤差を考慮して修正を行う必要がある．これらの補正の大きさを推定するには，経験的方法，つまり**実験にもとづく方法が，理論的な計算より優先されるべき**である．理論計算は，理論が正しくなかったり，仮定が不正確だったり，計算が間違っていたり，疑わしい場合があるが，**実験による補正は，実際に確認して行うという性質上，間違うことがきわめて少ない**．

8 実験の論理   137

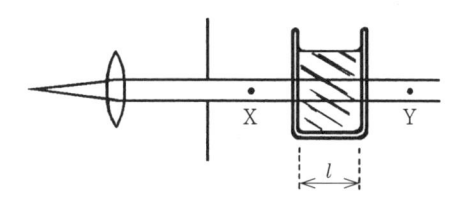

図 8.4 液体による光吸収の測定装置

ある波長の光の液体中の透過率を測定するとする．図 8.4 のように，液体をガラスセルに入れ，その側面を入射光に対して垂直に置き，X, Y 点での光の強度，I_X, I_Y を測定する．議論を単純化するために，8.5 式で決められる透過率は I_X の値には依存しないものをする．知りたいのは幅 l の容器に入っている液体に対する光の透過率 f の値である．セルは完全に透明ではなく，光の通る二つの側面部分での光の減衰を考慮に入れて補正する必要がある．

$$f = \frac{I_Y}{I_X} \tag{8.5}$$

理論的には，側面の幅を測定し，その波長の光の減衰の大きさを調べることになる．それらのデータが存在するとして，補正は，幅の測定値に大きく依存するであろう．しかも，その値は場所により一定ではなく，光が通過する領域での平均値が必要となるかもしれない．光の波長にも依存するし，何より，用いたセルが資料に載っていたガラスとまったく同じ成分であるかどうかにも依存する．

一方，実験的な補正方法では，セル中に何も入れず，空の状態で X と Y の値を測定する．そしてセルの位置を光線に対して動かさないようにしたまま，液体を注いで測定を繰り返す．こうすると，**理論的な場合に生じた面倒な問題はすべて考慮する必要がなくなる**．

このように実験による補正は理論的なものより好ましいが，**一番よいのは両者を取り入れ，計算で補正項を求め，実験と比較して一致するかどうかを確認すること**である．1958 年のマイクロ波放射による光速度の計測を見てみよう（表 8.3, Froome, 1958[†28]）．ここで唯一重要なことは，放射する電磁波の波長の測定である．図 8.5 にその装置を示すが，S からの電磁波信号が二つに分岐し，送信ホーン T_1, T_2 に送られる．この信号は受信ホーン R_1, R_2 に入り，

表 8.3 光速度を求めた三つの実験結果

年	実験者	範囲	λ	$c/\mathrm{m\,s^{-1}}$
1958	Froome[28]	マイクロ波	4.2 mm	299 792 500 ±100
1972	Bayら[29]	光	630 nm	299 792 462 ± 18
1973	Evensonら[30]	赤外	3.4 μm	299 792 457.4 ± 1.1

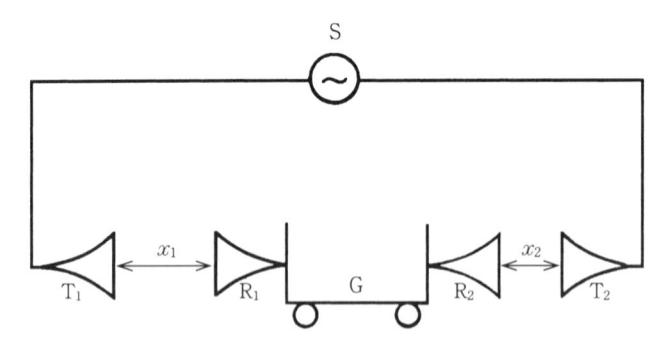

図 8.5 Froome による光の波長の計測実験

重ね合わせられる．その結果，信号は R_1, R_2 での位相に応じて変化するが，両者の位相がぴったり重なると信号強度は最大となり，完全に逆転するとゼロとなる．位相を変えずに T_1, T_2 の送信強度を変化させることで，距離 x_1, x_2 の相対値にかかわらず，R_1, R_2 で受信される信号の強度は等しく保たれる．R_1, R_2 は堅固な台車に乗っており，x_1, x_2 を両者の和が一定になるよう変化させることができる．台車が動き，x_1 が $\lambda/2$ 分増加すると，R_1 での位相は π だけ遅れ，R_2 では π 進む．このようにして，台車が動くのに応じて重ね合わせ信号は周期的に変化する．x_1 あるいは x_2 を一定距離動かす間にこの信号が変化する数を数えることにより波長が測定できる．

ここで，x_1 を半波長増加させたとき位相が π 遅れるというのは，じつは，T_1 が点光源で R_1 も点でそれを受ける場合に限られる．実際はどちらも有限の面積をもつので，T_1 と R_1 の光路長は位置により変化する．さらに，x_1 が変化すると光路長の変化の割合は場所により異なることになる．これらの回折効果の修正が精密な実験には必要となる．実際の実験では，ホーンにいろんな種類の覆いをかぶせ異なる場所を覆い，また $x_1 + x_2$ の値をいろいろと変化させて測定が行われた．回折効果の変化は計算により求め，計算結果と実験結果が

完全に一致することを確認することで，どんな場合でも補正が正しく，自信をもって適用できることが示された．この**理論，実験両面からのアプローチこそが正に精巧な実験の醍醐味となる**．

8.8 相対測定

図8.1で述べたホイートストンブリッジは相対測定の例である．抵抗 R は絶対的ではなく抵抗 S を用いて相対的に求められる．この**相対測定は科学では重要であり，絶対測定よりも正確で簡便で**，しばしば必要とするすべてを与えてくれる．

液体の粘性を，毛細管を通る液体に適用されるポアズイユ(J. L. M. Poiseuille, 1799～1869)の式

$$\frac{dV}{dt} = \frac{p\pi r^4}{8\,l\eta} \tag{8.6}$$

を用いて求めることを考えてみよう．ここで dV/dt は体積流量速度であり，p は長さ l の管に沿った圧力の差，r は毛細管の内径，η は液体の粘性である．管に沿った圧力差を一定にして，dV/dt，l，r を測定すると粘性が求まるが，これは絶対測定である．

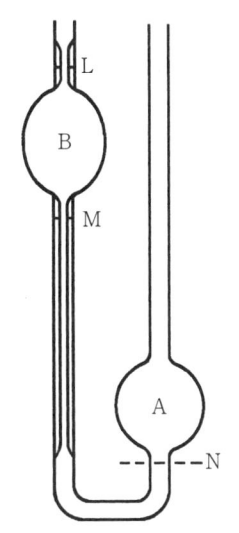

図 8.6　**オストワルトの粘性計**

一方，図 8.6 はオストワルト (F. W. Ostwald, 1853〜1932) の粘性計である．密度 ρ_1，粘性 η_1 の，ある一定量の液体を A に入れ，B に吸い込まれて液面が左側の L と右側の N になる過程で，液面が L から M になるまでの時間 τ_1 を測定する．異なる密度 ρ_2，粘性 η_2 をもつ液体でも同様に τ_2 を測定すると，これらの液体の粘性比は，

$$\frac{\eta_1}{\eta_2} = \frac{\rho_1 \tau_1}{\rho_2 \tau_2} \tag{8.7}$$

と表されることになる．この場合，8.7 式の右辺の値は簡単に測定できる．

相対測定により，絶対測定で生じる二つの難しい問題を避けることができる．一つは「圧力を一定にして測定すること」で，もう一つは「毛細管の内径を測定すること」である．後者では r が 4 乗の形なので精密な計測が必要となる．一方，オストワルトの装置は単純なため，温度制御が簡単である．前に触れたように，温度は粘性に大きな影響を与えるので，この点は重要である．

これまでに述べた相対測定は，二つの物理量の比を与えるが，差が得られる場合もある．このよい例として，重力加速度 g の測定がある．p. 109 で見たように，g の測定には非常に手の込んだ装置が必要となる．しかし，差を測定するのであればもっと簡単な装置でよい．この装置は**バネ重力計**とよばれ，きわめて高感度のバネばかりである．状況に応じたいくつかの使用方法が知られている (Dobrin, Savit, 1988)[†31]．重力計は g の絶対値が既知である数箇所で測定することにより較正する必要があるが，この方法では絶対値を較正する場合の誤差よりも小さな誤差で g の差を測定することが可能である．装置は軽く，もち運びができ，使いやすいので，多くの測定が短時間にできる．最近の重力計は 100 nm s^{-2} の感度があり，最良の絶対測定用装置の精度に匹敵する．

多くの場合 g の絶対値は必要でなく，変化の値で十分である．g の場所による変化としてもっとも重要な原因は，緯度と海抜である（詳しくは付録 G）．これらを考慮に入れると，遠く離れた場所で g が変化するのは地球表面の水位が関係しており，狭い範囲の変化は地形と関係がある．

ほかの相対測定の例は，放射能源の強度，光源の強度，銀河から放射される電波密度などの測定である．これらは，絶対値の決定はきわめて困難であり，ほかの同様の量との比較により測定される．

最後に，**相対測定といっても，一つの試料の絶対値がわかれば，相対測定から絶対値がわかる**ことを付け加えておく．たとえば，ある液体の粘性と密度が絶対的にわかれば，オストワルト法によりほかの液体の粘性の絶対値が測定できる．また，g の値も一箇所で絶対値がわかれば，すべての測定の絶対値を求めることができるのである．

8.9 零位法

零位法とは，測定量 X を調整可能な参照量 Y との差が零となるようにバランスを取って測定する方法で，測定量を計器の振れや読みから測定する直接法と対比される．これまでに二つの零位法について示している．一つは，p. 97 のレイリー反射装置における補償回路，もう一つはホイートストンブリッジ回路である．ほかの例としては電位差計があり，これは，不明の電位をほかの既知の電位とバランスを取ることにより測定する方法である．

零位法は直接法に比べて多くの利点がある．零位法で調整される Y の値は，直接法の測定装置に比べると，より安定で再現性がよい傾向があり，より正確に読取りが可能である．直接法での装置は較正しなければならない．また標準に対して比例関係にあることが望ましい．しかし，零位法ではある量がゼロになることがわかればよい．したがって，較正する必要も比例関係がある必要もない．ただ，ゼロ近傍では比例関係がある方が便利であろう．**零位法の指示器に必要なのは感度であり，バランスからのずれをどれだけの精度で読めるかである**．

他方，零位法の欠点は，少しずつ Y を調整するために，直接法に比べて測定に時間がかかることである．これについては多少複雑になるが，自動的に零点を検出するサーボ回路を利用すればよい．零位法は絶対値ではなく相対値を得る方法であることを理解する必要がある．すなわち，**標準となる参照物の物理量を正確にわかっているということが必要不可欠**で重要な点である．

8.10 なぜ精密測定が必要か？

実験で要求される精密さは目的次第であると 2 章で述べた．これは一般的に正しいが，多くの物理実験や，とくに基礎的な量を測定する場合は，結局のと

ころどのくらいの精密さが必要であるかは簡単にはわからない．しかし，われわれは，**既知の現象や技術の許す限り，最高の分解能を得ようとする**．どうしてだろうか？

p.235 に示す物理定数表を眺めると，ほとんどの定数は 10^{-7} 以上の測定精度があることがわかる．「**このような精度には何か意味があるのか？**」，また「そのような桁までの測定は π の値を小数点以下数百桁求めるのと同じくらい意味がないのではないか？」と疑問に思うかもしれない．

答えは簡単で，「**精密な実験は，非常に重要な目的をもっている**」．それらは理論結果を検証し，理論と一致しない場合は新しい理論や現象の発見につながる．実際，物理や化学では多くの例がある．ある理論で二つの量が等しいとされている場合，実験を行い実験精度の範囲内では正しいことがわかる．その後，もう少し精密な実験を行いわずかな差を見出すことがある．その場合，理論は近似として正しいものでしかないことになる．そこで，さらに精密な実験を行うことにより次の理論が構築される．最後に，**きわめて精密な実験の結果，新しい発見がなされた例**を述べよう．

a) 1894 年以前には水蒸気や一酸化炭素，水素などは別として，大気は酸素と窒素からなると考えられていた．しかし，レイリー(J. W. S. Rayleigh, 1842〜1919)による注意深い実験により，酸素が取り除かれた気体の密度は，アンモニアなどの混合物から得られる窒素の密度の値に比べて **0.5 % 高い**ことがわかった．この事実から，レイリーとラムゼー(W. Ramsay, 1852〜1916)はアルゴンという不活性ガスの存在を発見し(Rayleigh, Ramsay, 1895)[†32]，現在では大気の 1 % を占めることがわかっている．

b) 重水素の発見も精密実験の賜物である．1929 年に水素原子と ^{16}O(質量 16 の酸素原子)の質量比は，化学的な原子量の決定により，

$$\frac{H}{^{16}O} = \frac{1.00799 \pm 0.00002}{16} \tag{8.8}$$

であることがわかった．一方，1927 年にアストン(F. W. Aston, 1877〜1945)は質量分光から

$$\frac{H}{^{16}O} = \frac{1.00778 \pm 0.00005}{16} \tag{8.9}$$

と，少し異なる値をもつことを示した．この結果に関し，化学的な決定法では通常の水素ガス内の水素原子の平均的な質量を求めているにすぎず，そのガスが質量数2の同位体を5000分の1含むと仮定すると，その差が説明可能であることが提案された(質量分光法では，軽い原子のみが測定値に寄与する) (Birge, Menzel, 1931)[†33]．この考えは，水素のスペクトル中にわずかにその同位体からの信号が存在することで確かめられた(Urey, Brickwedde, Murphy, 1932)[†34]．これらのピーク位置の波長は，質量数2をもつ水素のバルマー系列として計算された値と一致した．

c) 真空中における光速度不変性の原理は，1881〜1887年にマイケルソン(A. A. Michelson, 1852〜1931)とモーリー(E. W. Morley, 1838〜1923)の実験により示唆された．彼らは地球の運動方向とそれに垂直な2方向に進行する光の干渉縞を利用し，一日どころか一年たっても二つの方向での有意な速度の変化は存在しないことを示した．これら，あるいは同様な実験により，アインシュタイン(A. Einstein, 1879〜1955)は歴史的大発見の一つである特殊相対性理論を打ち立てた．特殊相対性理論以前の理論においても二つの方向の速度差はきわめて小さいことが予測されており，実験では，速度差がこうした値と比べても十分小さいことを証明しなくてはならず，**きわめて精度の高い実験が必要であった**．マイケルソン，モーリーの実験の詳細については文献(Lipson, Lipson, Tannhauser, 1995)[†35]を参照のこと．

光速度 c を求める最初の実験は，500 nm の波長をもつ光波を用いて行われた．第二次大戦中および戦後に行われた実験では，波長が10 mmのマイクロ波を用いて測定され，その値は両者の誤差が1 km s^{-1} であるにもかかわらず，光波と比べて17 km s^{-1} 大きかった．差はたった1/20 000であるが，これが本当ならば，今日の電磁気学の理論にも大きな影響を与えてしまう．

この問題を解決するために精密測定が必要となった．光を用いた実験を繰り返すと，以前求められた値は再現されず，マイクロ波による結果と一致する値が得られた．三つの代表的な結果を表8.3に示す．おのおのの実験では単色光の振動数と波長を独立に測定して，$c = f\lambda$ の関係から c を求めている．レーザーを使うことにより(表中2行目と3行目の例)，その精度が飛躍的に向上している．Bayらの結果は，初めて，きわめて高周波(〜10^{14} Hz)の光速が，その

波長からではなく直接測定された例である．高調波をつくり，うなりの周波数を測定することで，光波の振動数を既知のマイクロ波の周波数に関連させて求める方法が用いられている (Baird 1983[†36]，あるいは Udem 1999[†37])．

光速度 c が波長によらないというもっとも確かな証拠は天文学データから得られている．パルサーや高エネルギーのガンマ線の放射が調べられており，異なる電磁波領域の到着パルスの回数から，波長 λ に対する c の変化の上限が計算できる．マイクロ波(波長 50 mm)からガンマ線(波長 2 pm)までの放射に対して，相対誤差 $\Delta c/c$ が 10^{-12} より小さく，また，40 pm～6 pm までのガンマ線に対しては，相対誤差は 10^{-20} よりも小さい (Schaefer 1999)[†38]．

9 実験を行うときの常識的なことがら

【本章のキーワード】
予備実験の大切さ　常識の点検　個人誤差の回避
意味のある実験　結果を随時解析する　装置設計
の進め方

この章では実験を行う際，常識として心がけるべき事項を示す．これらは初歩的で単純な実験から，高度で手の込んだ実験まで共通することである．

9.1　予備実験

実際の実験では，演習実験などとは異なり，**まず予備的な実験を行う**のが常識である．これには次のような目的がある．
　a) 実験に慣れること．どんな実験でも独自の技術と決まった手順があるので，実験者はそれらをまず習得する必要がある．実際，たいていの場合，最初の2，3回の実験はその後に比べて信頼性が低く，再現性も悪い．また，予備実験で最善の測定方法や記録方法を見つけておけば，時間の節約になる．
　b) 測定装置の正しい動作を確認すること．
　c) 実験パラメータの適切な範囲を設定すること．
　d) それぞれの物理量の誤差を評価すること．5章ほかで見てきたように，最終結果にもっとも影響する要素の誤差に注意して実験を行うよう，方針を検討しなければならない．

　c)，d)は結局，どんな実験も計画を立てるべきであるが，その際，**予備実験がどんなに多くの理論よりも計画の基本となり得る**ことを示唆している．もちろん計画は柔軟性をもつべきで，実験の進行具合で変更もされるが，その計画がどんなに初歩的な段階のものであっても，思いつくままに測定を繰り返すよりよいのは確かである．

　課題実験のような実験の場合は，予備実験の範囲は多少制限され，実験を最

初から最後まで通して行うことは，たとえ大雑把な実験であっても時間を取れないかもしれない．しかし，本当に単純な実験の場合を除いて，**予備実験は常に行うべきであり，必ず実験の計画を立てるべき**である．これには，どんな物理量を計測するのか，また，個々の実験に，どれくらいの時間をかけるのかといった計画も含まれる．

実験装置についても同様で，装置の原理などを，測定に入る前に知っておかねばならない．たとえば分光器の場合，測定前に，プリズム台を回転する方法，望遠鏡の回転方法，マイクロメーターのネジの調整はどのノブを用いるのが適切か，各副尺はどの動作に対応するか，などである．もしこれらについて書かれた**実験室や製造業者のマニュアルがあれば，必ず読んでおこう**．

以上のことは当然と思われるかもしれないし，もちろんそのとおりである．しかし，驚くべきことに，いざ実験研究となると，多くの人がこのきわめて基本的な常識をなおざりにしてしまうのである．「データの扱い方やわずかな誤差を避ける巧妙な技術は完璧であっても，こうした常識に代わるものではない」ことを肝に銘じておこう．

9.2 「当たり前」の確認

実験に先立ち，**当たり前と思われていることを，もう一度確認する**ことを心がけよう．

a) 器具がしっかりと固定できるようつくられていれば(たいていそうであるが)，それがふらつかないことを確認しよう．平面は一直線でない3点で決定できるので，器具の土台は3脚となっており，できたら正三角形に近いのが最適である．3脚より脚の多い器具を平面に置く場合，すべての脚が平面に接触する場合を除けば，ふらついてしまう．

   もし土台が水平になるようにつくられているはずのものなら(これも，たいていそうであるが)，本当にそうかどうかを，おおよそでもよいので確かめてみよう．もっと水平の精度が要求されるのであれば，アルコール水準器を使うこともできる．

b) 光学実験では，反射面や屈折面を常に清浄にしておかねばならない．息を吹きかけて拭き取るだけでも，安い器具に関しては驚くほど効果がある．

しかし，高価なレンズを布やハンカチでぬぐってはならない．そのようなレンズは軟質ガラスからできており，表面での反射防止のために，たいてい，表面に 100 nm ほどの厚さの無機塩のコーティングが施されている．こうしたレンズは簡単に傷がついてしまうので，決して手で触らず，使わないときは覆いをすべきである．通常，柔らかいラクダ毛のブラシで埃を取り除くことで十分であるが，特別な場合は，レンズ用ティッシュを用いて細心の注意でふき取るようにしよう．

c) 整列しているはずの光学部品が実際にそうなっているか，レンズ面が光軸に対してほぼ垂直になっているかなどを確認すること．重要な役割を担うレンズが油で汚れていたり，数 mm 位置がずれたり，10°程度回転していることで，実験がうまくいかないことも多い．

d) 電気部品のハンダ付けをする場合は，最初に細線をこすって傷をつけ，ハンダが溶けて，接合部全体に傷を埋めて流れ，機械的に強固な接合になるようにする．温度が下がったら，個々の細線を小刻みに動かして，ハンダによりかたく固定されているか，また，ハンダに塗られていない箇所がないか確認することが大切である．

e) 測定可能範囲(レンジ)切替え付の検流計などを使う場合，感度を最低にして測定を始めること．

f) コンセントの電源で作動する電気器具の測定系を組み立てる場合は，電源は最後に入れること．また補修などをしなければならないときは，電源がオフになっていることで安全とは思わず，必ず，コンセントからプラグを抜くことが大切である．

9.3 個人誤差

何かの測定をするとき，**自分自身が装置の一部で誤差を生じさせる原因になる**ことを意識しておかなくてはならない．たとえば，定規の一目盛りの十分の一を読むときに，**偏った数値の読み方**をする人がいる．こうした問題はすぐに自らテストできるもので，気付きさえすれば，それほど深刻ではない．

もっと重要なのは，**予期から生じる誤差**である．誰でも機械の表示の読取りや計算でミスを犯す可能性がある．もし実験をして，自分の予測より大きな値

が得られたとしよう．この場合，それ以降は，逆に，値を小さく読み取ってしまう可能性がある．もちろん，結果が予期できないときは，この危険から回避できるが，何かしら予測してしまうのが人の常である．そこで，実験方法や手順を変更することで，こうした誤差を回避することも時には大切となる．

同様の話として，**立て続けに繰り返して実験を行う場合は，最初に計測した値に引きずられてしまう**ことがある．その結果，最初の値が間違っていると，この間違いを繰り返すことになる．あるいは，たとえ値としては間違っていなくても，その影響を受けるためその後の測定は完全に独立にはならず，測定値のばらつきがみかけ上非常に小さくなることも起きる（8.6節参照）．

一般に，**測定者が肉体的，心理的に快適であれば，間違いは少なくなる**．長時間の実験の場合はとくに，少し時間をかけて以下のことを確実にしておくのがよいだろう．

a) 調節すべき器具やしばしば動かす制御装置は，使いやすい便利な場所に設置する．

b) 値を読み取る計測装置も同様である．一般に水平より垂直の目盛りを読む方が楽であり，また目盛り板が少し後ろに傾いている方が見やすくなる．

c) 部屋全体を照明しておくことが好ましい（もちろん，光学実験では，迷光の排除などが重要になってくる）．

d) 換気は充分にすべきである．実験室の空気はできるだけ新鮮で，あまり暖かすぎない方がよい．

e) 最後に，結果を記録するノートも，水や熱源から離れた書きやすい所に置いておくこと．

9.4 測定の繰返し

一つの量の測定を少なくとも2回以上行うべきである．繰返しにより，

a) 機器の読み間違いや数字の記録間違いを防ぐことができる．

b) 誤差を正しく評価できる．

しかし，x, yという二つの量を測定し，たとえば，直線の傾きを求める場合は，おのおののxに対して複数回の測定を繰り返すことはしない．二つの異なるx, yの組の値を測定することで，直線上の2点が定まり，一つの傾き

m が得られるが，この場合，同一の x で何度も y を測定するより，異なる x での y の測定を繰り返す方がよい．

　x, y のデータを測定したが，$y(x)$ という関数がまったく直線に乗らないという場合がある．たとえば，外部から加えられた周波数 x で強制振動する調和振動子の振幅を y とした場合である．共振点近傍の振舞いを図 9.1 に示す．この例の場合，共振曲線を決定するのに十分なデータ数が必要である．しかし，直線の場合と同様に，同一の点で測定を繰り返す必要はない．最適曲線からの測定点のばらつきは測定誤差に対応するが，1，2点の x の値で数回 y の値を測定し確認することも賢明であろう．

　繰返し計測の一つの側面を次の話で見てみよう．これは，決して起こり得ないことではない．実験クラスの学生が，困惑した状態で実験助手のところにやってきた．学生は分光器でプリズムの角度を測定しており，56°30′ と 60°12′ の結果を得た．彼は，測定精度を約 5′ と見積もり，計算も確認して，どちら

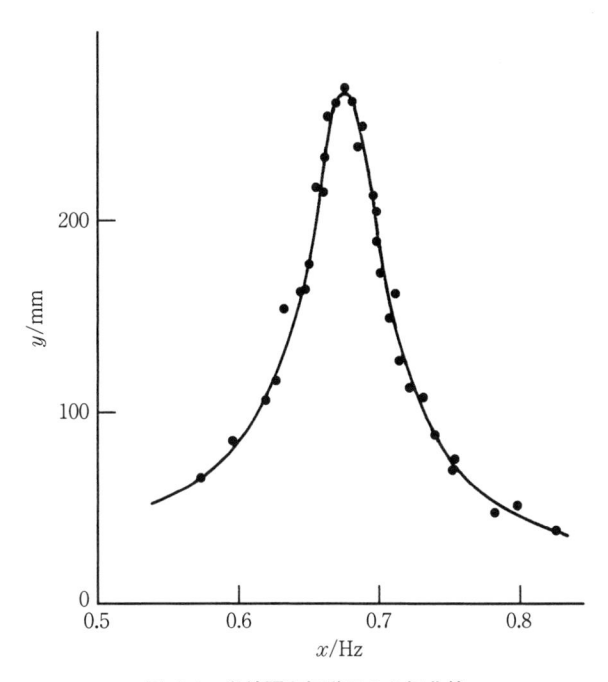

図 9.1　単純調和振動子の共振曲線

かの結果は間違えていると考えた(ここで，あなたならどうするのかを考えてみよう)．

彼は助手にどちらが正しい値かを尋ねる．もちろん，これは馬鹿げた話である．実験の目的は，何かを発見することであるのに，学生はデータのどちらかが間違えていること以外は，何も発見していない(両方が間違えている可能性がきわめて高い)．この場合，やるべきことは，**実験結果が意味をもち始めるところまで，実験を続ける**ことである．

次の測定値が $56°34'$ であれば，おそらく2番目の結果は間違いであると考えられる．角度をもう一度測定することが必要で，その値が $56°35'$ であれば，さらにこのことが確信され，結果が意味をもち始める．また，なお，どうして $60°12'$ となったのかを考えるかもしれないが，多分，理由はわからないだろう．値の差は大きく，おそらく，プリズムが測定中気付かぬうちに動いたり，あるいは，もっとありそうなのは，望遠鏡の設定を読み違えたり，間違えて記録したことなどであろう．間違えた結果が出てきて，それを説明できないときはいらいらする．このようなことは起こり得ることではあるが，たびたびあることではないので，それほど気にする必要はない．とにかく，**こうした状況で，角度は $60°$ くらいだから2番目のデータを正しいと独断的に考えたり，二つの値の平均を取ろうなどと考えてはならない**．

9.5 結果の分析

この点については，12章でも述べるが，まず一般的な話として，1〜2日間も続く実験においては，**実験中にデータを解析していくことが非常に重要**である．

多くの測定を行い，**すべての実験が終わってからデータ解析することは避けるべき**である．何よりもまず，データを新鮮に感じるうちに計算を行うことがとても大切である．また，結果を解析することで，実験結果がおかしいことや，測定器具に変更が必要であることを発見することは珍しくない．こうしたことに，一日後ではなく一ヶ月後に気付くとなると，きわめて不愉快なことになる．これとは別に，ある結果を解析することで，次に何を測定するかが決まることが多い．

もっとも愚かなことは，結果を解析する前に精巧な実験システムを解体してしまうことで，これもよくあることである．その場合，誤りに気付いても，実験をやり直すのは大変な作業になる．

9.6 装置の設計

装置設計の原理や技術については，巻末(参考図書，p.253，電子回路・装置の項)にあげた本で議論されており，ここでは，2，3の一般的な注意点のみを示すことにする．

a) できるだけ単純な構造にする．

b) もし装置を研究所の機械工や機器製作者に依頼して作製するのであれば，具体案や設計図を作成する前に担当者と装置の詳細な使用目的を議論するのがよい．担当者は経験から，もっとよくするにはどうすればよいかをアドバイスしてくれるであろう．また，装置の性能を低下させずに，装置をもっと単純化し，その作製が容易になる方法も提示してくれるかもしれない．

c) 寸法に対して許容範囲を記入する．ただし，必要以上に小さくしてはならない．許容範囲が小さければ小さいほど，製作者の仕事は困難になる．

d) ある程度自分でつくってみる．これにより何ができて，何ができないかがわかる．「**実行に勝るものは…**」である．

第三部　結果の記録と計算処理

10 実験の記録について

【本章のキーワード】
製本ノートとルースリーフ　記録の仕方
図や表の活用

10.1　はじめに

　どんな実験でも，行ったすべての測定記録を残すことが重要であるが，その際，**明確で効率のよい記録を心がける**べきである．記録を適当にしておくと，知りたい結果を探すために，実験内容の見出しも書かれていないページを何度もめくったり，ある実験を行った際の実験条件をわずかな手がかりをもとに解き明かす，などといったことに多くの時間を取られることになってしまう．他方，単純明快で誰でも簡単に再現できることをいちいち記録するのは，それ自体時間がかかることであり，ほとんど不要である．したがって，こうしたことをよく考え，常に，**1年くらいのブランクがあってもとくに困難なく理解できるような記録法**を心がけることが大切である．

　この章では，記録を行う方法について考えてみよう．重要なことは，これらの内容を，盲目的に従うべき法則として鵜呑みにするのではなく，基本となる考え方，つまり「**最小の労力で，正確で，完全で，明確な記録を残す**」ことを理解することである．

10.2　製本ノートとルースリーフ

　製本されたノートを使う人もいれば，用紙の留めはずしができるルースリーフを使う人もいる．**製本ノートの長所は，すべてがそのノートの中に書かれていることで，ページをはさみ忘れることはない．短所としては，少し複雑な実験になると，測定の順序が入れ代わったりすることで，データが断片的に記録されることが起こった場合，後で順を追ってノートを見るときに，ページをめ

くったりもどったりすることが必要になることがあげられる．

　一方，ルースリーフの長所は，その柔軟性にある．特定の事項に関するデータはその測定順序に関係なく，後で並びを入れ代えて，一つにまとめることができる．また，実際の実験においては，白紙，罫紙，グラフ，データ用紙など異なる種類の用紙を使用するのが便利であり，コンピューターの出力用紙もあるかもしれない．ルースリーフを用いれば，これらすべてを量によらず，また自由な順序で挿入することが可能になる．ただし，データがバラバラになったり，なくなったりしないよう注意しなくてはならない．

　基本的な記録方法に関して独善的にならず，**実験に適した方法を用いるのがよい**．製本ノートとルースリーフを組み合わせて，両方のよいところを利用してもよいだろう．いずれにしても，少なくとも一冊製本されたノートを所持し，そのつどのアイデアや，様々な測定結果，関連する文献などを書き留めるのがよさそうである．さらにあらかじめページが振られているノートは重宝で，内容の詳細リストをページと対応させてノートの最初か最後の部分に書いておけば便利である．

　学生実験などの場合は，通常，短時間で簡単なものであり，製本ノートとルースリーフを組み合わせる必要はない．この二つのどちらが有用かは意見が分かれるところだが，経験からすると柔軟性のあるルースリーフの方がメリットが多いだろう．いろんな種類の用紙がいろんな順番で整理でき，ほかの実験の記録を行いながら前の実験の報告書を提出して様々な評価やコメントを受けることもできる．データの解析や整理に関する注意はすでに述べたとおりである．

10.3　データの記録

　すべての測定結果は，例外なく，すぐにそのまま記録しなければならないが，計測器の示す値を読み取る際，**非常に単純な計算であっても暗算をして記録をしてはいけない**．たとえば，電流計に示されている値を 2 で割る必要があるとしよう．このような場合は，まず，計測器が示している値を**そのまま**書き留めるようにし，決して，2 で割り算をしてその結果を書き留めるようなことをしてはならない．その理由は明らかで，もし暗算を間違えた場合，もとのデータなくしてそれを訂正することは不可能だからである．

測定を行い，記録するときは，記録値を計測器の読みともう一度照らし合わせるのがよい．すなわち，**読取り→書留め→確認**，である．

また，**使用した測定装置や標準抵抗などのシリアル番号を記録しておこう**．もし，装置にそのような番号がない場合は，自分自身で番号を決めておくのがよい．装置を後で識別できることは重要である．たとえば，実験がうまくいかなかった場合，装置の故障を疑わなければならないときがある．このとき，どの装置を使っていたかが必ず必要になる．

最後に，**すべての記録データには，日付を付けておく**ことが肝心である．

10.4　データの複写はさける

多くの学生がもつきわめて悪い習慣は，観察結果を紙切れやメモ用紙に記録し，後でそれらをノートに書き写し，もとのデータを書いたメモ用紙を捨ててしまうことである．これには三つの問題点がある．

a) 時間がひどく無駄である．
b) 複写時に間違う可能性がある．
c) 多くの場合，内容を選んで複写してしまう．

最後の点がもっとも重要で，もう少し考えてみよう．たいていの実験では，すべての測定結果を用いることはない．しばしば，ある測定は役立たないとか，間違った条件で行われたとか，単純に関連性がないという判断をする．いい換えると，われわれは，測定結果を選択してしまう．これはこの選択に対して客観的な理由があれば，至極当然のことである．しかし，その場合も**すべての実験結果を書き留めておくこと**は，きわめて重要である．たとえば，次に別の選択をしたいと思う可能性もあるからである．つまり，すべての実験結果は残すべきであり，それによってはじめて，第三者が測定値の選択が妥当であるかを評価したり，測定自体について意見を述べたりできることになる．

科学実験で重要なのは，明確に効率よく記録する訓練を積むことであるが，上の例からもわかるように，**まず直接記録すること**から始めていくことが大切であろう．直接記録することは，最初は難しく思えるかもしれないが，徐々に経験から学び，上達していくはずである．結果的に，直接記録したものは複写したものほど整理されていないかもしれないが，それは重要なことではない．

記録において本当に重要なのは，明確さであって美しさではないのだ！

そうはいっても，複写(コピー)が役に立つ場合があることを付しておく．よくあることだが，実験のある段階で，異なる箇所に点在している様々な結果を一つにまとめたいことがある．また，グラフにプロットしたり，計算したり，ある数字を見たりしたいことがあるかもしれない．オリジナルの読取りデータが保持されているので，この複写がよく選択されたものであればよく，すっかりそのままコピーすることとはまったく別の話である．こうした場合の複写は明確さの一助となり，**結果を解析するときの誤りを少なくする**ことからも望ましい．

10.5 図の活用

「百聞は一見にしかず」という諺がある．記録や説明において図を用いることの重要性は誇張しすぎることはない．数語の説明と組み合わせると，図の利用は，実験の原理を説明したり，装置を記述したり，表記法を紹介するうえで，もっとも簡単で効果的な方法となる．連成振り子の運動を調べるための装置について記述した，次のような二つの説明文を見てみよう．

説明1．一本の紐が水平に置かれた棒に2点A，Bで固定されている．二つの球S_1, S_2が紐につるされており，それらの上端は最初の紐にP_1, P_2点で，引結びで固定されている．長さAB，AP_1，BP_2，P_1P_2をそれぞれa，y_1, y_2, xとする．また，P_1からS_1の中心までの距離をl_1とし，P_2とS_2の中心までをl_2とする．振り子間の連成度は，距離xにより可変である．これは結び目P_1, P_2を，系を対称に保持した状態で(すなわち，$y_1=y_2$の条件で)，紐AP_1P_2Bに沿って動かすことで実現される．

説明2．図10.1は装置の構成を示す．AP_1P_2Bは一本の紐で，P_1, P_2は引結びである．連成度は，xを引結びにより調整することで変化できる($y_1=y_2$を保つ)．

どちらの説明がわかりやすいかは明らかで，コメントの必要はないであろう．

10 実験の記録について **159**

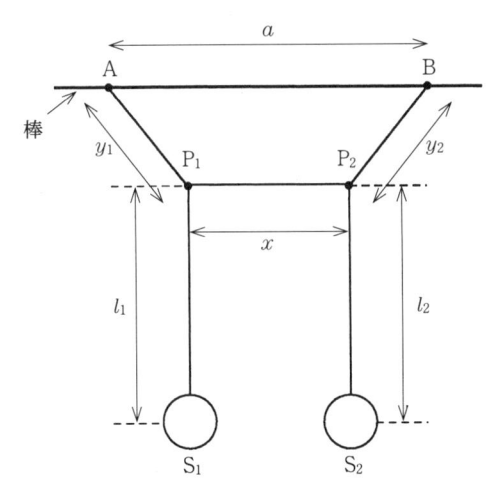

図 10.1 連成振り子

装置を示す図は，芸術的なものであったり，写真のように正確である必要はない．**概略的で，できるだけ単純で，実験に関係ある特徴のみを示すべき**である．また，装置の外形は実際の寸法におおよそ合っている方が便利だが，もしいくつかの特別な事項を明確に示すのであれば，寸法をひずませて描いてもまったくかまわない．

たとえば，凸レンズを平面鏡上に置き，物体とそのイメージが一致する点を観察することでこのレンズの焦点距離をはかることを考える．この実験で対象とするのは，物体からレンズ上面までの距離なのか，下面までの距離なのかを

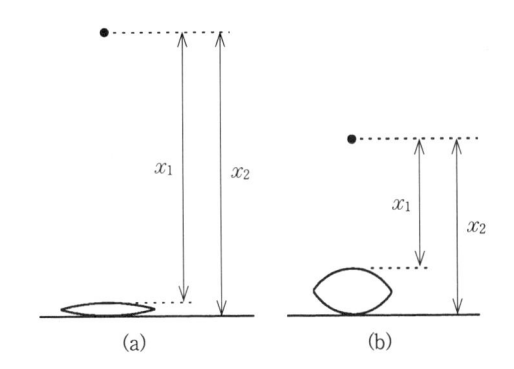

図 10.2 レンズの焦点距離の簡易測定法

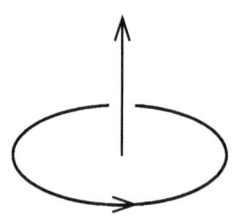

図 10.3　ベクトルによる回転を示す記号

示したいとしよう．このとき，図10.2(a)は実寸比であり，図10.2(b)はそうではないが，後者の方がずっとわかりやすいだろう．

　また，**図は通常，記号の使い方を示すのに最善の方法**である．図10.3は，回転の方向をベクトルで示すのによく用いられる記号を示す．これを言葉で表すのは難しいだけでなく，非常にわかりにくくなってしまう．

10.6　表の活用

　可能な限り，測定データは表形式で記録しよう．そうすれば整理されて後で見やすい．その際，同一の物理量は縦に並べると目で追いやすく比較もしやすい．それぞれの列の見出しにはその量の名前や記号などを示し，単位を書いておく．

　書き下す数値が 0.1 から 1000 までに入るように単位の桁を調整しておくとよい．表中で単位を表すのにいくつかの表記法がある．英国学士院の推奨する方法をこの本では用いているが，列の初めの見出し部分を無次元量とするものである．表10.1 では，水の張力を示す γ の値を様々な温度で測定した表である（データは Kaye, Laby, 1995[39] による）．表では，さらにデータを図示するために，$1/T$ の値も入れてある．T/K, $10^3\,\mathrm{K}/T$, $\gamma/\mathrm{mN\,m^{-1}}$ は，無次元量となっており，列の見出しとして適切である．第一行のデータは，次のように

表 10.1　水の張力

T/K	$10^3\,\mathrm{K}/T$	$\gamma/\mathrm{mN\,m^{-1}}$
283	3.53	74.2
293	3.41	72.7
303	3.30	71.2

解釈する.

$$T/\text{K} = 283, \quad \text{つまり} \quad T = 283 \text{ K} \tag{10.1}$$

において，$1/T$ の値は，

$$10^3 \text{ K}/T = 3.53, \quad \text{つまり} \quad 1/T = 3.53 \times 10^{-3} \text{ K}^{-1} \tag{10.2}$$

で，この温度で γ の値は，

$$\gamma/\text{mN m}^{-1} = 74.2, \quad \text{つまり} \quad \gamma = 74.2 \text{ mN m}^{-1} \tag{10.3}$$

列の見出し部分に単位を書けば，それぞれの測定値に単位を書き加える必要はない．**一般にすべての不必要な繰り返し作業は避ける**べきである．そうでないと，時間もエネルギーも無駄にし，記録が乱雑になってしまう．**重要でないものを省いていくことで，重要なものを簡単に見出すことができる**ようになる．

10.7 もっとわかりやすく！

　図や表を利用すると，説明やデータがわかりやすくなることを述べてきたが，もちろん，そのほかのどんなことでも，役立つことは使っていけばよい．異なる量を測定した一連のデータは，別のものとは切り離しておくべきであり，それぞれ表題をつけておくとよい．いくつかの実験で一つの量，たとえば平均値を導く場合，この平均値には表示をするだけでなく，**下線を引くなど，目立つようにしておく**とよい．

　データ記録において，紙を無駄にしてはいけないなどと思ってはならない．測定の表題や単位を書かずに測定値を記録し始めることもあるだろう．記録の最初の部分を数行空けておくようにしておけば，後でこれらの情報を記載することができる．測定の表題を書かずに実験を始めるのは必ずしも短気であるということでなく，実際，ある意味では，賢い選択かもしれない．それは，いくつかの実験を行った後に初めて，より本質を突いた効果的な表題を書き足すことができる場合も多いからである．

　文字を重ねて書くと，非常にわかりにくい．**37**（2 を消さずに 3 を重ねて書いてある）は，**27** なのか **37** なのか？　後で読む人（自分も含めて！）を迷わすようなことは避けるべきであり，**文字を線で消して，27 37 と書き直しておくこと**．間違ったと思って，あわてて消しゴムで消してはいけない（もしかした

ら間違っていなかったかもしれないのだから）．

10.8 曖昧な表現を避けること

例1．ある学生が，20 ℃で水の粘性をはかり，これと物理定数表の値とを比較するようにいわれ，次のようにノートに書いたとする．

実験値： 1.005×10^{-3} N s m^{-2}

正しい値：1.002×10^{-3} N s m^{-2}

さて，どちらが彼の測定値で，どちらが定数表から得た値であろうか？ もし彼が謙虚な人間であることを知っていれば，「実験値」が彼の測定値で，「正しい値」が表から取ってきた値であると判断するかもしれない．一方，彼がうぬぼれた人間であれば，逆と受け取られるかもしれない．もちろん，人間性から推測することなどあってはならず，彼は次のように書くべきである．

本実験： 1.005×10^{-3} N s m^{-2}

Kaye, Laby（第 16 版，p.51）：1.002×10^{-3} N s m^{-2}

こうした，「実際の」「公式の」「測定された」「本当の」などの形容詞は，同様にこの文脈の中ではやはり曖昧であり，使用を避けるべきである．

用いた参考文献は詳細を記述しておき，何度でも値を確認できるようにしておくべきである．

例2．次のようにノートに記載してあったとする．

電流計 A 14 零点誤差 -0.03 A

電流を流さないときに，計器の読みが-0.03 A であり，常にこの値を計測値に足し合わせることを意味するのであろうか？ あるいは，引き算するのであろうか？ ここでどちらかを推測せざるを得ない．

「測定値は，頭の中での計算や変更を一切介入させることなく，あるがままに記載する」という法則に従えば，実験者は，電流を流さないときに計器の読取り値をそのまま書くべきで，ノートには次のように記載すべきである．

電流計 A 14

-0.03 A ←電流が流れていないときの読み

例3．学生のノートにはよく次のような文章が書かれている．

　　オシロスコープの時間軸をタイマーカウンターで計測し，
　　実験誤差内で正確であることがわかった．

これは次の2点を考えると，きわめて曖昧な表現である．まず，オシロスコープの時間軸は多くの範囲があり，この文章がどのレンジに対応しているのかが不明である．次に，この記述の証拠がどこにも見当たらず，この記述が正しいかどうか判断することが困難である．したがって，次のように書くべきであろう．

　　オシロスコープ SC 29 時間軸の較正　仕様レンジ $0.1\,\mathrm{ms\,cm^{-1}}$
　　Yへの入力正弦波　$f=10.018\,\mathrm{kHz}$　（タイマーカウンターによる）

オシロスコープ	周期	位置 x/cm	5周期分
	0	0.95	5.00（0〜5周期分）
	1	1.96	4.92（1〜6周期分）
	5	5.95	4.96 ± 0.04 cm（測定結果）
	6	6.88	

　　走査速度 $=\dfrac{5}{10.018\times4.96}=0.1006\pm0.0008\,\mathrm{ms\,cm^{-1}}$

　　<u>結論</u>：時間軸はこのレンジにおいて測定誤差内で正確である．

上記の例から，次のことがわかるであろう．

a) 記載は曖昧であってはならない．常に意識してほかの解釈が可能でないかを確認すべきである．曖昧な解釈が可能かどうかを調べるには，簡単でよくある方法として，何かしら一つ，具体的な数値の例を考えてみればよい．

b) 結論が計算結果により裏付けられている場合(これは，ほぼすべての実験でそうあるべきだが)，その数値をはっきりと記載しておくべきである．

11 グラフ

【本章のキーワード】
グラフの大切さ　グラフ用紙の選択　わかりやすいグラフの描き方

11.1　グラフの使い方

　科学実験において，**グラフには，おもに三つの使い方**がある．第一に，ある物理量の値を求めるのに，**二つの変数の関係を表す直線の傾きや切片を定める**，という使い方である．初学者に対する教育ではこの使い方に重きを置くが，実際のところ，それほどは使われない．4章で見てきたように，直線の傾きの値を求めるとき，最小2乗法や簡便な方法を用いる場合でも，グラフは使用せず，もとの実験値を使う．傾きを定めるのにグラフを使うのは，測定値（点）を通る最適な直線を目測で見きわめようとするときくらいであろう．この方法は原始的な方法で（だからといってあなどってはならないが），実際に用いるのは，より洗練された方法でグラフを作成したうえで，確認のために用いるか，あるいは，最終的な結論では，傾きがさほど重要ではない物理量の場合などに限るべきであろう．

　はるかに重要なのは，2番目のグラフの使い方，すなわち**「視覚的補助」としての役割**である．たとえば，管を流れる水の速度と勾配圧力の関係を測定し，水の流れがどの時点で，なめらかな一定の流れ（層流）から乱れ始めるか（乱流の状態になるか）を求めようとする場合を見てみよう．表11.1は一組の計測値である（1883年のレイノルズ（O. Reynolds, 1842～1912）の乱流に関する論文[40]から引用）．流れが層流である場合には，流れの速度は圧力に比例する．しかし，この表の数字だけを調べて，比例関係が壊れる時点を見きわめるのは難しい．一方，数値をグラフに表すと（図11.1）比例関係が失われる箇所は一目瞭然である．

表 11.1 管を流れる水の速度

勾配圧力/Pa m^{-1}	平均速度/mm s^{-1}	勾配圧力/Pa m^{-1}	平均速度/mm s^{-1}
7.8	35	78.3	245
15.6	65	86.0	258
23.4	78	87.6	258
31.3	126	93.9	271
39.0	142	101.6	277
46.9	171	109.6	284
54.7	194	118.0	290
62.6	226		

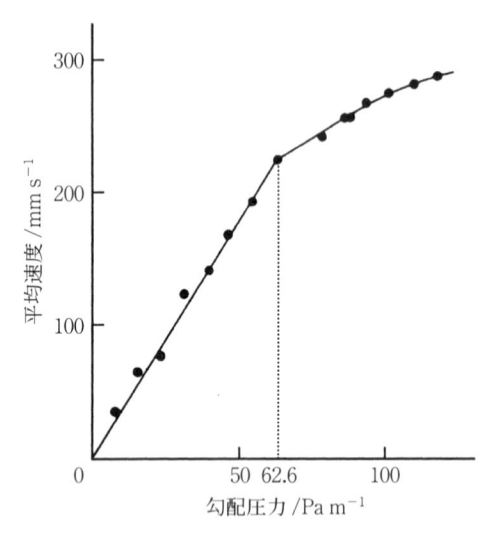

図 11.1 圧力勾配に対する，管を流れる水の平均速度．表 11.1 の数値をプロットしたもの．

視覚的補助の別の例として，実験値と理論曲線を同一のグラフにプロットし比較する，というグラフの使い方もある．実験において何が起こりつつあるかを示すには，グラフで計測結果を表示することは非常に有益である．

3番目の使い方は，実験において，**二つの物理量の間にどのような実証的な関係があるかを表す**場合である．たとえば，温度計をある標準に対して較正し，温度計の測定値に対してそれぞれ誤差が求められたとする(図 11.2(a))．誤差を含んだ測定値を通るなめらかな平均化した曲線を描くことで(図

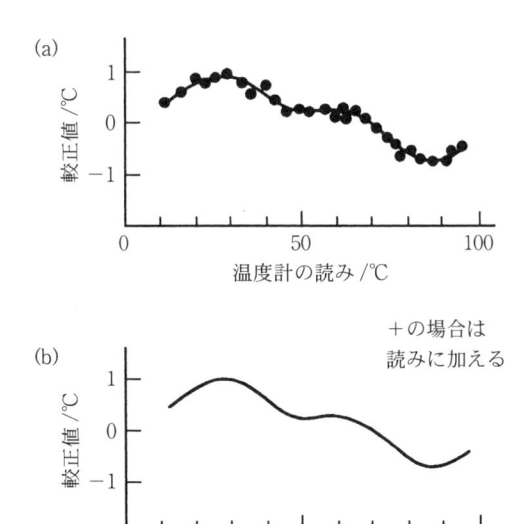

図 11.2 (a)温度計の較正測定値(標準値−温度計の読み).(b)修正曲線.

11.2(b)),このグラフを見ながら温度計の測定値の修正を行うことができるようになる.一方,修正表を作成し,同様に誤差の修正を行うこともできるが,表はグラフよりも使いやすいものの,作成はグラフよりも面倒である.

科学実験におけるグラフでは,独立変数,すなわち実験者が計測を行うたびに決める物理量の値を横軸にプロットし,その結果として求められる実験値である従属変数を縦軸にプロットする.より簡単にいえば,**「原因」を横軸に,その「結果」を縦軸に取るのが慣例**である.

最近は,グラフを作成してくれるコンピューターソフトウェアがたくさんある.二つの変数に対する測定値対のデータ,そして,このどちらか一方あるいは両変数の誤差を含むデータをソフトウェアで処理すれば自動的にグラフができあがる.このようなグラフ作成ソフトウェアには様々な機能があり,軸の目盛り幅を選んだり,測定値を表す点の記号を変えることもできたりする.さらに,たいていの場合,**誤差指示線(エラーバー(error bar),11.6 節)**や,**フィッティング**(測定値を通るなめらかな曲線を求めること)の関数までも選ぶことができる.とくにデータ量が多い場合など,これらのソフトウェアはとても便

利であるが，初めのうちは，**簡単な実験の，少ない計測データを使って自分で作図する**ことをお勧めする．上に述べたことを自分の手で行うことによって，もっとも効果的なグラフのつくり方もわかるようになるし，大量のデータを伴う複雑な実験において，コンピューターソフトウェアもうまく使いこなせるようになるだろう．

11.2　グラフ用紙の選び方

それぞれの目的に応じ，様々な罫線のグラフ用紙があるが，もっともよく使われるのは，一般的な「**方眼紙(均等目盛り)**」と「**対数グラフ用紙**」である．対数グラフには，一方の軸のみが対数であるもの(片対数グラフ)と，両軸が対数であるもの(両対数グラフ)がある(図11.3参照)．片対数グラフ用紙は，2変数の間に対数関係($y = \log x$ や $y = \ln x$)や指数関係($y = 10^x$ や $y = e^x$)がある場合に便利であり，両対数グラフ用紙は

$$y \propto x^p$$

の形を取る式(pの値はわからない)の場合便利である．

方眼紙を用いて対数グラフを表すには，図4.3で見たように(この場合は片対数)物理量の対数を取り，その計算結果の値を方眼紙の罫線にプロットすることになる．

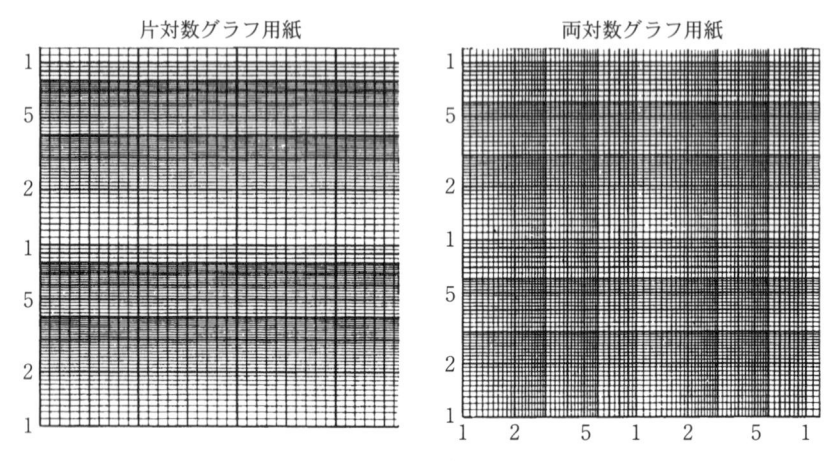

図 11.3　**対数グラフ用紙**

11.3 目盛り（尺度）

グラフを描くのに，cm 単位のものと，mm 単位の 2 種類のグラフ用紙があるとすると，目盛りは次の点を考慮して選択する．

a) 図 11.4(a)のように測定値が一箇所に集まるようなグラフを描いてはならず，図 11.4(b)のように測定値がグラフの全面に適当に広がるくらいの尺度にすることが必要である．なぜなら，両者を比べると，たとえば図 11.4(a)からは，傾き一つさえ正確な値が求められないことがわかるであろう．しかし，そうして尺度を選ぶ際，さらに以下の二つのことを考えなければならない．

b) 尺度は単純なものがよい．もっとも単純なものは，たとえば 1 cm がグラフの 1 単位の目盛り（あるいは 10，100，0.1 目盛りなど）となるもので，次が，1 cm が 2 ないし 5 単位を表すものである．そのほかの尺度は，毎回測定値を書き入れるときやデータを読むときに頭の中で計算を行わなければならず，面倒なので使わない．

c) 理論的な理由から尺度を決めるときもある．たとえば，もし図 11.4 の測定結果が式 $y = mx$ を満たすかどうかを調べることを目的としていたら，グラフに原点を含める必要があるので，図 11.4(b)の描き方は不適切となる（もちろん，図 11.4(a)の形にもどる必要があるといっているわけではない．11.7 節を参照）．

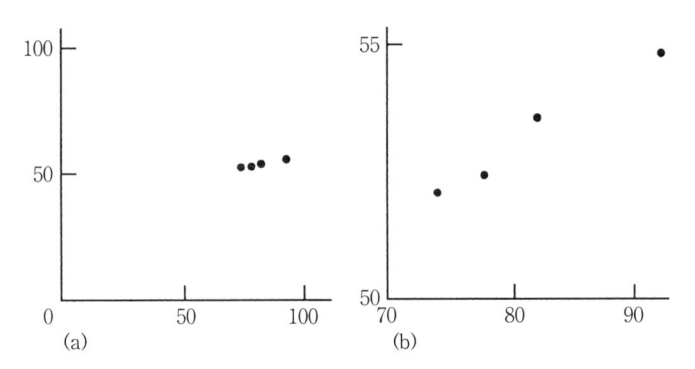

図 11.4 (a)はあまり役に立たないグラフ．同じ測定値を尺度を広げ，プロットしたのが(b)である．

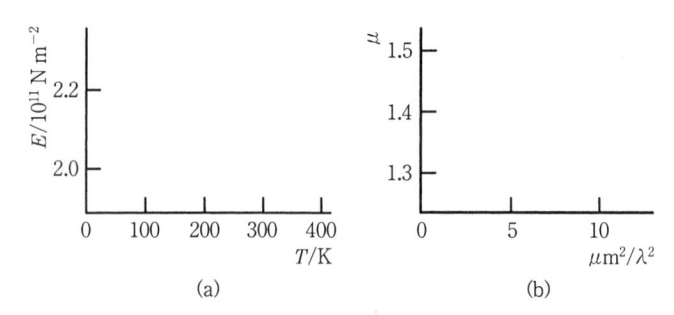

図 11.5 軸・単位の表記例. (a)縦軸がヤング率 E, 横軸が温度 T. (b)縦軸がガラスの屈折率 μ, 横軸が $1/\lambda^2$. λ は光の波長.

11.4 単位

表(10.6節参照)で用いるのと同様に,10のべき乗を単位に取ると便利である.そうすれば10000や20000,また0.0001や0.0002などのような長い数字を,簡潔に1, 2, 3…や10, 20, 30…とグラフに表記できる.また,両軸には,必ず変化する物理量の名前や記号を表記するが,この単位の表記も10.6節の表記方法にならう.

11.5 グラフの描き方のポイント

グラフの一番の目的は,**結果の視覚的印象を表すこと**であるので,グラフはできるだけ明瞭なものにしなければならない.グラフの描き方のコツをいくつか紹介しよう(すべてにあてはまるわけではないので,個々の場合に合わせ,用いてほしい).

a) 実験値との比較のため理論曲線を描き込む場合,理論曲線を描くために計算された理論値を表す点は,**実験値とは異なり**任意の場所に対して選んだものなので,あまり目立たないよう,たとえば,鉛筆で描き込むのがよい.そうすればいつでも消すことができる.

　一方,実験値を表す点は,はっきりと目立つように大きな点にすること(図11.6).

b) もし「最適な」なめらかな曲線が,実験値と合わせて描かれていると,実験結果を解釈するうえで,役に立つことがある.「なめらかな」という言

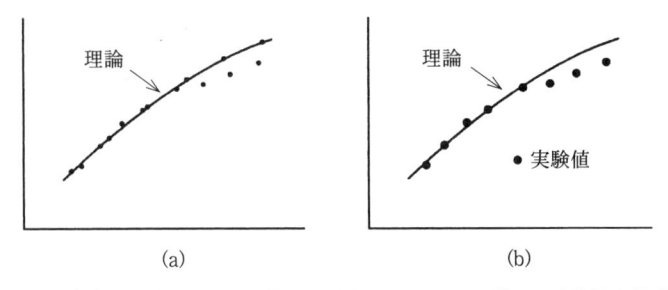

図 11.6 (a)悪いグラフ．実験値を示す点がはっきりせず，理論曲線を描くために計算された数値と判別しにくい．(b)よいグラフ．計算値を表す点が消され，理論曲線のみとなり，実験値が際立っている．

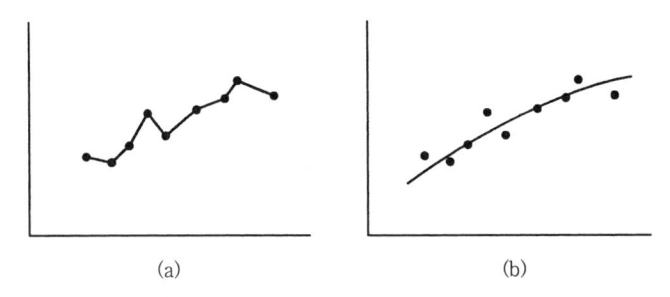

図 11.7 (a)は，こうしたジグザグの関係が実際にあるかのように見えて正しい描き方ではない．(b)のようになめらかな曲線を描くべきである．

葉に注目してほしい．初心者は実験値を図 11.7(a)のように結んでしまうことがあるが，図のように，二つの変数の関係がジグザグな形を取ってしまうことは，特殊な条件下以外にはほとんどあり得ないことである．したがって，変数の関係を表すには，図 11.7(b)のような「なめらかな」曲線を用いることが大切である．

　理論曲線を図に挿入するときは，実験値から得られる曲線は省略する方がよい．これは，実験値をもとにした曲線が実際の実験値が意味する以上の関係を表してしまう可能性があって，純粋に実験と理論を直接比較検討することができなくなってしまうからである．

c) 異なる条件や異なる物質における実験値を表す場合には，たとえば●，○，×のように異なる記号を用いたり，それらの色を変えたりする．ただし，記号や色が多くなりすぎてグラフが見にくくなりそうであれば，新しく別

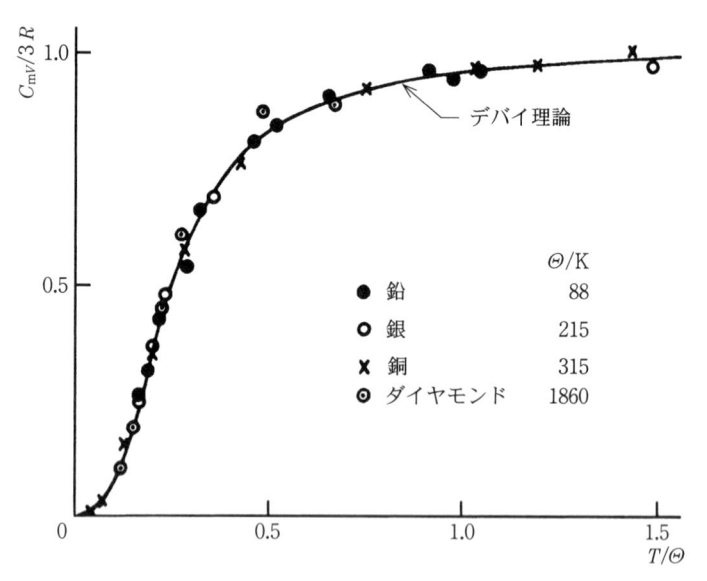

図 11.8 T/Θ に対する，鉛，銀，銅，ダイヤモンドのモル比熱容量 C_{mV}（単位 $3R$）

のグラフをつくろう．

　異なる記号を使うことで，条件の変化や物質による結果への影響の有無を（ほとんどないのか，あるいはまったくないのかなど），はっきりと表すことができる．例として，図 11.8 に，物質のモル比熱 C_{mV} を T/Θ に対してプロットした結果を示す．T は熱力学温度を表し，Θ はデバイ(Debye)温度として知られている定数で物質により異なる．デバイの比熱の理論によると，C_{mV} と T/Θ の関係はすべての固体について同じになる．鉛（$\Theta = 88$ K），銀（$\Theta = 215$ K），銅（$\Theta = 315$ K），ダイヤモンド（$\Theta = 1860$ K）の測定値が，デバイによる予想曲線とともに，グラフにプロットしてある．図から，これらの物質の実験値が理論値と一致していることがわかる．

　y 軸にプロットした物理量 $C_{mV}/3R$（R は気体定数）に着目してほしい．物理においては，なんらかの自然単位(natural unit)を用いて，物理量を無次元量で表すことが多い．そのことによって，次元による影響を除去して現象を考えることができるからである．このグラフの場合，$3R$ という単位は，古典的理論および高温域（$T \gg \Theta$）におけるデバイ理論によっ

て予想された C_{mv} の値である．

d) まず，鉛筆で両軸の目盛りと測定値を書き込んでみるとよいだろう．後から，目盛りを変更するかもしれないし，初めに書き込んだ点の位置が間違っているかもしれない．目盛りや書き込んだ点の位置などに納得できたら，ペンで上書きし，測定値の点も大きく，くっきり記せばよい．この方法だと，汚く何度も書き直しをしたり，グラフ用紙を書き直しで無駄にすることもなくなる（最近はパソコンを用いるのが普通で，書き直すことも容易になっているが）．

11.6 誤差の表示

実験値の誤差は，グラフの点の上に，次のように示す．

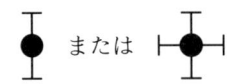

● または ├●┤

ただし，誤差指示線（エラーバー，error bar）を書き込むと，余計な手間と

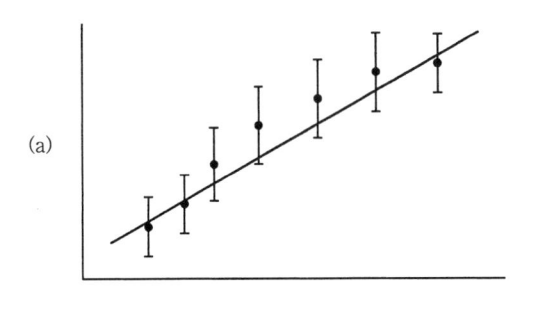

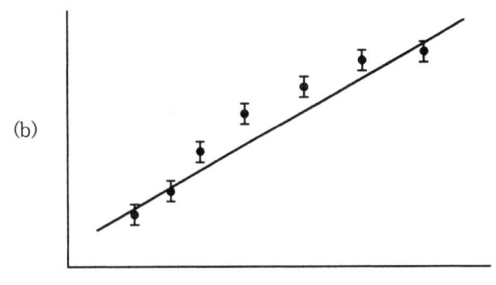

図 11.9 直線（理論線）からのずれは同じであるが，(a)では誤差は多分重要でなく，(b)では誤差が重要．

なるし，グラフも見にくくなってしまうので，**誤差に関する情報が必要な場合だけに限るべき**である．実際，図 9.1 や図 11.8 の測定値に誤差指示線を加えたところで，さしたる違いのないことがわかるだろう．

一方，理論曲線からのずれがどのくらい意味をもつか(理論が実験とどのくらい合うか)は誤差の推定値に大きく左右されるので，そのような場合には誤差の範囲を明確に示す必要がある．たとえば，図 11.9(a) では理論曲線は測定値の誤差内にあり，両者は一致すると見なせるが，図 11.9(b) では理論曲線は測定値の誤差範囲から外れている部分が多く，**この場合，理論と実験を比較するうえで，理論曲線からのずれが重要な意味をもつ**ことになる．

また，8.6 節でも，図 8.3 の例のように，一組の測定値が誤差とは無関係にばらついているという状況を見たが，この場合は理論曲線が，音速＝一定の直線となるはずで，実験結果との矛盾が見られた．したがって，実験値を誤差推定値と一緒にプロットするのは，理論的な予測との不一致をあらわに示す有用な方法であろう．

そのほか，誤差が示されるのは，グラフの異なる場所で(たとえば，横軸の異なる値において)，それぞれ実験値の誤差が異なる場合などである．

11.7 感度の高いグラフの描き方

ある式 $y=x$ が有効かどうかを確定するために実験を行うとする．x に対応する測定値 y を得て，この式がほぼ正しいということがわかった場合，グラフでこの結果を示すなら，x に対する y の値を図 11.10(a) のようにプロットすればよい．しかし，x に対して $y-x$ の値をプロットすると，この結果をより精密に表すことができる．というのは，y の値と比べ $y-x$ の値の方が小さいため，図 11.10(b) のように，**細かい目盛りを拡大したものを用いることができる**からである．つまり，(a) で見られる測定値の式 $y=x$ からの若干のずれを，(b) では**より際立たせて明確に確認することができる**．先に見た図 11.2(a) はこのようなプロット方法の例である．

同様の手法は次の式にも応用できる．

$$y = mx$$

x に対して y の値を直接プロットすると，この式の関係の全体像を見ること

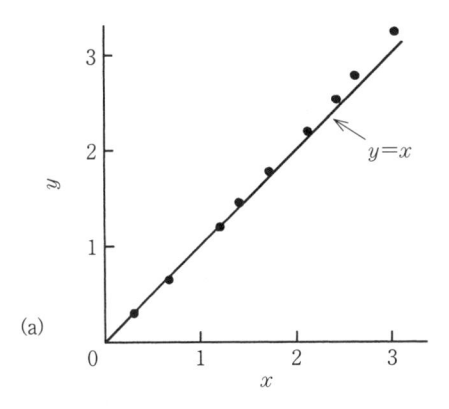

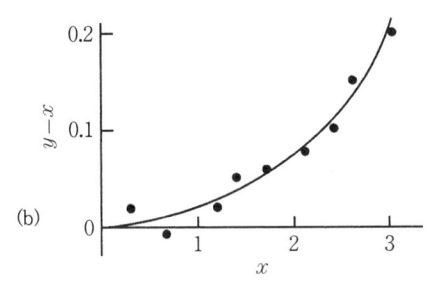

図 11.10 (a)縦軸 y に対し横軸 x. (b)縦軸 $y-x$ に対し横軸 x.

ができ便利だが(図 11.11(a))，x に対して，y/x の値をプロットすると，より感度があがる．原点をグラフに含む必要はなく，図 11.11(b)のように，y/x や x の値がどのくらいの範囲にわたるかがわかればよい．

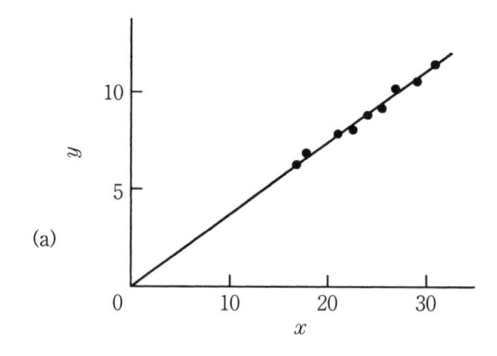

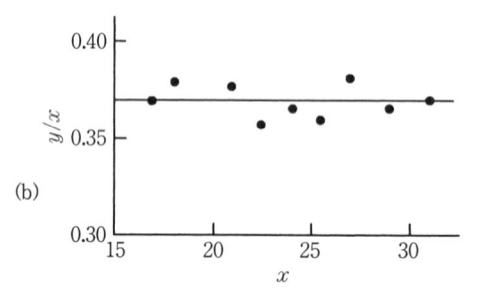

図 11.11　(a)縦軸 y に対し横軸 x．　(b)縦軸 y/x に対し横軸 x．

12 　計　　　算

【本章のキーワード】
各種計算機とその利用　計算ミスの回避　数式・計算の検算法（自己検算と非自己検算）

12.1　計算の重要性

　実験の目的はある数値を得ることであり，実験データから正確に目的とする数値を導き出すことは，測定を行うことと同様に重要である．**巧みな実験を行っているにもかかわらず，結果の計算ミスがもとで実験が台なし**となることも多い．

　通常，次のような道具を用いて計算が行われている．

・コンピューター
・電卓（計算機）
・あなた自身

順にコストは下がり，利便性が高くなる．実際の計算に合った方法を選択したい．

12.2　コンピューター

　天文学での電波像や光波像の研究，X線回折を用いた複雑な生体物質の構造決定など，大型コンピューターが必要な実験がある．しかし，ここでは実験室や家庭にある小型コンピューターで十分実行可能な実験を考える．

　コンピューターを用いて行う計算の大部分は，表計算ソフトウェアを用いて行われる．エクセルのような表計算ソフトウェアはきわめて用途が広い．たとえば，算術演算，三角関数，統計処理，論理演算などの機能があり，桁数などの出力形式を制御できる．コメントやラベルを出力結果に付加することも可能なので，後で見直したとき何を行ったかがすぐにわかるようにこれらの機能を

使用するとよい．また，特定の計算結果を文書として保存することが可能で，標準計算のためのテンプレートとして使用が可能になる．すでに4.2節の最後の部分で，最小2乗法によりグラフの各点を通る最適直線を計算することを例として述べた．

12.3 電卓

　コンピューターは複雑で繰り返しの計算にはもっとも効果的であるが，実験が単純なときは電卓で計算するのが最適の場合がある．

　電卓はもち運びができて汎用性があり，実際の計算では不可欠な道具である．どんな電卓でも四則演算(加減乗除)が可能である．関数電卓とよばれるものは，平方や平方根，対数，指数，三角関数の計算も可能で有用である．また，多くの記録領域やメモリーを使用できるのも利点である．平均処理や標準偏差，最適直線を計算するプログラムを内蔵している機種もある．自分でプログラムを組めれば繰り返しの計算も可能であるが，これらは可能ならコンピューターでやるのがよい．

　ほとんどの電卓は8桁か10桁の計算が可能で，これだけあればたいていの実験で用が足りる．電卓で**表示されるすべての桁を意味もなく計算結果として示すといった初歩的なミスは避けるべき**である．多くの電卓では小数点以下の桁数を設定することができ，これはきわめて便利で活用すべきであろう．こうして意味のない不要な桁を排除することで，数値の意味をはるかに簡単に評価できるようになり，ミスも少なくなる．

　ただし，数値の切捨てによって情報を失わないよう，少なくとも重要な桁以降の1,2桁は記録しておくべきである．**もしどの桁までが重要か判断できない場合は，少し多めに記録しておこう．**

12.4 計算ミスを防ぐ

　電卓やコンピューターでは計算ミスを気にする必要はないと考えるかもしれないが，決してそうではない．もちろん計算自体は信頼できて，われわれが求める計算を正確にこなしてくれる．しかし，与えた情報が間違っているとどうなるであろうか．間違った数字を入力してしまったり，間違った関数キーを押

したり，プログラムの論理が間違ったりしている場合がある．誰もがそのようなミスをしがちだが，このミスは以下に示す方法を用いれば少なくできる．さらに**検算**という救済策もある．これらについて考えていこう．

a. 不要な計算は避ける

　計算量が少なければ計算ミスをする可能性も低くなり，重要な計算に集中できる．たとえば，簡単な実験で12.1式を用いてバネ定数を決定するとしよう．
$$F = \lambda x \tag{12.1}$$
ここで，F は加えた力で単位は N，x はバネの伸びで単位は m とする．1, 2, ···, 6 kg のおもりを用いて，それぞれのおもりを下げたときの伸びを測定する．このとき，それぞれのおもりを N 単位に直すために，最初に 9.81 を乗ずるであろうか？　これは馬鹿げている．なぜなら，6回の掛け算をし，六つの単純な整数値を込み入った六つの数字に変換することになってしまうからである．当然ながら，F が整数の状態のまま λ の最適値を計算から求め，最後にこの λ の値（単位は kg 重/m）に 9.81 をかけて，単位を N/m として答を求めるべきである．

　同じことが，ある標準器で較正した装置を用いて，多くの計測データから一つの物理量を決める際にも当てはまる．**較正は測定値の平均値を求めた後で最後に行えばよく，それぞれのデータごとに個別に行う必要はない．**

b. 整理する

　計算はできるだけ系統的に，しかも整然と行うべきで，そのためには，**計算のための余白を十分に取る**必要がある．乱雑でびっしり詰まった計算をすると，あちこちに多くのミスをする原因になる．

　測定結果の記録に関して述べた多くのポイントが，計算にも当てはまる．表形式に数値を配列すると多くの場合便利で効率的である（コンピューターで表計算ソフトウェアを用いる場合は，自動的にこの配列となる）．多くの場合，ある列の数値はそれ以前の列を用いて演算する場合がある．それぞれの列は，この計算手順を表すような見出しを与えなければならない．この見出しは，各列がアルファベット順にラベル付けされていればより簡単になる．たとえば，

共振理論で導かれる次のような関数を計算することを考える($Q=22$ とする).

$$y = \frac{1}{Q}\left((1-x)^2 + \frac{x}{Q^2}\right)^{-\frac{1}{2}} \tag{12.2}$$

このとき，表の簡単な見出しは，以下のようになる．

A	B	C	D	E	F
x	$(1-x)^2$	$\dfrac{x}{484}$	B+C	$1/\sqrt{D}$	$y=\dfrac{E}{22}$

c. 検算

検算は計算の一部分として考えるべきである．実験者は車の製作者と同様な状況にある．後者では出荷前に車の検査部門が必要で，これは車を生産するコストの一部分として考えられている．同様に計算の場合も，時間と努力の一部分を検算に費やすべきである．しかし，その努力が有効に働くかどうかはあなた次第で，**努力はもっとも必要な場所**に向けなくてはならない．たとえば，実験においてある種の計算はほかより重要なものがあり，その部分の計算をより慎重に検算する必要がある．

検算は二つの範疇に分けられる．一つは「**自己検算**」，もう一つは「**非自己検算**」とよばれる．たとえば二つの物理量を計測し，ちょっとした計算により(x_i, y_i)という数値対が得られるとする．測定値はグラフにプロットされ，両者が直線関係をもつとする．ここでは，それぞれの(x_i, y_i)に対して計算はそ

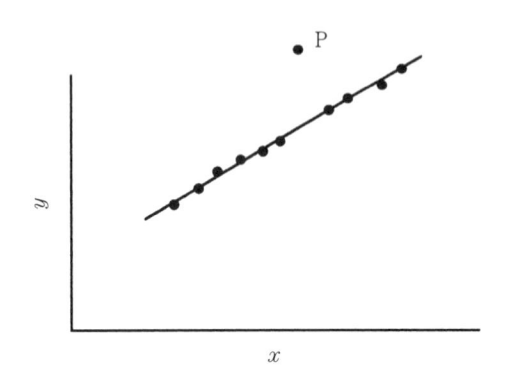

図 12.1 計算ミスはグラフから明らかなので，各点での注意深い検算は不要である．P は間違いなく計算ミスである．

んなに慎重に行う必要はない．なぜならもしミスを犯していれば，図12.1のようにグラフ上で目立つからである．これが，自己検算の一例である．

しかし，実験が，
$$Z = \frac{14.93 \times 9.81 \times 873}{6.85 \times (0.7156)^2 \times \pi^2} \tag{12.3}$$
で決定される量をもって終了する場合を考えてみよう．この式の計算は自己検算が成り立たず，ほかの検算を行う以外，答が正しいかどうかを判断することができない．**もし電卓を用いたのであれば，すべての数値を入力し直して，もう一度計算をする**ことが必要である．

同じ計算を二度もするのは過度な注意のように思われるかもしれないが，**計算ミスは，すべての努力を無駄にしてしまう大きな原因となること**を考えると，その大切さが理解されよう．誰かがあなたの実験を調べ，ミスを発見してくれるなどということは期待できないのである．しかし，効率的に行うことも大切で，それぞれの計算の(三つに一つくらいでもよいが)大雑把な暗算をする習慣を身に付けるのもよい．たとえば，12.3式の場合は，次のような計算をしてみるべきである．

$$\frac{14.93}{6.85} \approx 2$$

$$2 \times 9.81 \times 873 \approx 20\,000$$

$$(0.7156)^2 \times \pi^2 \approx \frac{1}{2} \times 10 = 5$$

したがって，
$$Z \approx 4\,000 \tag{12.4}$$

さて，これまで12.3式中の数値は正しいものと仮定した．つまり計算ミスはないとした．しかし，もちろんそうではない．とくにこれらがある計算結果から得られた数値であればなおさらである．電卓の便利なところは，途中の結果を必ずしも記録する必要がなく，またそうしようとも思わないところであるが，その結果，どこかの過程で計算ミスをした場合に，それを追跡し訂正することは不可能である．もし，長い計算の末，異なる結果が出た場合，どちらが正しいのか(もし，どちらかが正解の場合だが)は決してわからない．それゆえ，**途中の計算値を記録しておくことが大切**である．もちろん，どれだけの量

の値を，またどの値を記録するかは，計算の複雑度や自分をどれだけ信頼できるかによる．最初はできるだけ多く記録し，ある程度の経験を経てその量を減らしていくのがよかろう．

もし検算して最初の値と合わない場合は，**まず検算値を調べるのがよい**．なぜなら，最初の計算と比べると検算はあまり慎重に計算していない可能性が高いからである．次のような話がある．理論物理学の新人研究者が，複雑な計算の結果を，有名な物理学者である指導教官に見せに行った．指導教官はそれを見て言った．「特別な場合を例として考えると，君の結果はこうなる．」彼は封筒の裏に数行の計算を走り書きして，こういった．「見てごらん，君の計算はどこかおかしいよ．」気を落とした研究者はそのレポートを持ち帰り，翌一カ月をかけてもう一度計算をやり直した．彼が指導教官をもう一度訪問したとき，先生が尋ねた．「さて，間違いはわかったかい？」「はい，それは先生が書かれた2行の計算部分にありました．」

すべての数値は，その値が妥当であるかを確かめる必要がある．もし，SI単位系のプランク定数を乗ずる代わりに割り算を行ったら，答が間違っていることにすぐ気づかなくてはならない．ある数値が妥当であるかどうかを判断するためには，いろいろな**物理量の大きさを見て見当を付けられるかどうか**が重要になるのである．日頃からこうした訓練を積まれたい(練習問題 12.1)．

12.5 代数式の確認

a．次元で確認

ある**代数式の次元から有益な確認ができる**．理論的な議論のすべての段階で次元を確認する必要はないが，次のような式の場合，異なる次元の値が一つの答えに含まれるので，すぐに間違っていることがわかるであろう．

$$l^2 + l \quad (l\text{ は長さ})$$

同様の理由から，$\exp x$, $\sin x$, $\cos x$ のような式では，x は無次元でなくてはならない．これは，x の多項式で表されるすべての関数にも当てはまる．そうでないと次数(次元)の異なる数値が同じ答えの中に含まれてしまうことになる．

b． 特殊な場合で確認

特殊な場合（数値）を想定したときに代数式が正しい結果になるかどうかを確認する．検算自体は間違っていたが，12.4節(c)の例の有名な物理学者の考え方は正しいのである．

c． 変化の方向で確認

ある要素の量を変えたときに，全体の結果が正しい方向に動くかどうかを判断する．たとえば，ポアズイユの式を考えてみよう（それぞれの記号は p.139 で定義済）．

$$\frac{dV}{dt} = \frac{p\pi r^4}{8l\eta} \tag{12.5}$$

物理的に考えて，もし p あるいは r が増加するか，あるいは l や η が減少すると，dV/dt は増加するはずである．この式の形はこれらの値の振舞いと一致する．

d． 対称性で確認

対称性により式が正しいかどうかをチェックすることができる．図12.2に示す抵抗の配置を考えると，その合成抵抗は，

$$\frac{R_1 R_2 R_3}{R_1 R_2 + R_2 R_3 + R_3 R_1} \tag{12.6}$$

今，三つの抵抗の二つ，たとえば R_1 と R_2 を入れ替えても同じ式を得る．配列が対称であることを考えると当然である．しかし，もし次のような式が得ら

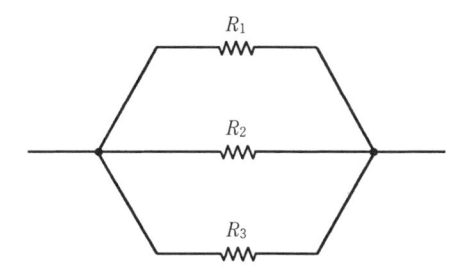

図 12.2 対称性のよい3個の抵抗の並列回路

れたとすると，

$$\frac{R_1 R_2 R_3}{R_1(R_2+R_3)} \tag{12.7}$$

R_1 と R_2 を入れ替えると結果が変わるので，この式が間違っていることがわかるであろう．

e．級数展開で確認

ある関数を展開した場合，第一項と第二項は有用な近似式を与える．いくつかの関数の近似式を表 12.1 に示す．

表 12.1　いくつかの関数の $x \ll 1$ での近似式

関数	$(1+x)^{1/2}$	$\dfrac{1}{1+x}$	$(1+x)^a$	$\sin x$	$\cos x$	$\tan x$	$\exp x$	$\ln(1+x)$
近似式	$1+\dfrac{1}{2}x$	$1-x$	$1+ax$	x	$1-\dfrac{1}{2}x^2$	x	$1+x$	x

f．式の変形に際して

式を変形する場合，まずすべて代数（文字）の形で行い，代数式として答を出す．そして，**数値データは最後に代入**する．こうすることでミスを少なくできる．それに，一度数値を代入してしまうと次元を確認できなくなる．

練習問題

12.1 次の各問は，いろいろな物理定数について，その大きさをどの程度理解しているかをテストするものである．これらは簡単な問題の形で示されているが，これは，使用法がわからなければ，物理量の値を知っていることに意味がないからである．最初は，値を調べないで挑戦してもらいたい．自分の知らない値については，別の関連ある数値を使い，理論的，実験的な根拠にもとづいて，よく考えて推測してもらいたい．

　このようにしてすべての問題を解き終えたら，答を見る前に Kaye, Laby などの参考図書を用いて調べてほしい．ただ答を眺めるよりは，参考図書を通して見るほうがずっと教育的であろう．

a) 直径は40 mm, 長さ200 mmの銅製の棒がある．一端が0 °Cのとき，他端を25 °Cに保つにはどれくらいの熱を他端に供給する必要があるか？
b) 20 °Cで正確な鉄製の定規は30 °Cではどれくらいの誤差があるか？
c) 直径1 mm, 長さ1 mの銅線．ⅰ) 0 °Cでの抵抗は？ ⅱ) 0 °Cと20 °Cでどれだけ変化するか？
d) アルメルクロメル熱電対の冷接点が0 °Cで, 測定点の温度は100 °Cである．どれだけの起電力が生じるか？
e) 水が直径1 mm, 長さ250 mmのチューブを圧力差2 000 Nm^{-2}で流れている．ⅰ) 20 °C, ⅱ) 50 °Cでの平均の流速を求めよ．
f) 長方形の鉄製バーの断面積は25 mm×5 mmである．もし長さが1 mならば，それを0.5 mmだけ引き伸ばすのにどれだけの力が必要か？
g) 大気中, 0 °Cでの256 Hzの音波の波長はいくつか？
h) 27 °Cでの水素分子の平均速度(rms)はいくつか？
i) 重力加速度gから万有引力定数Gの値を推定せよ．
j) 平行単色の赤色光が回折格子に垂直に入射した．ⅰ) もし第一次の回折スペクトルが入射軸に対し30°であった場合, 格子のmmあたりのライン数はいくつか？ ⅱ) 緑色光, ⅲ) 紫色光の場合の角度は大体どの程度か？
k) 半径20 mm, 温度500 Kの黒体球から放射されるエネルギーは単位時間あたりいくらか？
l) 1 keVの電子のⅰ) 速度とⅱ) 波長はいくらか？
m) 1 MeVの水素イオンを半径500 mmの円に閉じ込めるには, どの程度の磁場が必要か？
n) 基底状態の水素原子をイオン化するのに必要な光の波長はいくらか？
o) 1原子量に相当するエネルギーをMeV単位で答えよ．

12.2 次の概算を暗算で行え．
a) $1.000\,25 \times 1.000\,41 \times 0.999\,87$
b) $912.64 \times \left(\dfrac{7\,200.0}{7\,200.9}\right)^2$
c) $(9.100)^{1/2}$

13 科学英語論文の書き方

【本章のキーワード】
情報の発信　論文構成　投稿規定　明瞭性・明確性　読みやすさ　よい英語

13.1　はじめに

　科学者にとって新たな着想，理論や実験結果を世に伝えることは非常に大切な仕事の一部である．しかし今日では，膨大な科学に関する文献が，毎日のように世界中にあふれてくる．もし科学を職業に選ぶとすると，あなたは，この流れの中で，自分の成果を世に向けて発表する立場になる．さて，いかにすれば，あなたの論文は流れに飲みこまれることなく，自己の地位を確立することができるのだろうか？

　もちろん，得られた結果の質が重要であることはいうまでもない．しかし自分の主張を世の中で認めてもらうには，それ以外に大切なことが一つある．それは，**多くの読者を得るためには，論文を英語で書かなくてはならない**という事実である．

　論文などの文章を英語で書く技術があるレベルにまで上達すると，二つのメリットが生じる．一つは，あなたの主張が他の人に理解され注目されるというあなた自身にとってのメリット．そしてもう一つは，情報の洪水の中で曖昧で退屈なものよりも，明瞭かつ興味がもてるものが読みたいと思っている世界中の人達にとってのメリットである．

　この章では，科学一般における**よい科学英語**の書き方の基本的なポイントを考えてみたい．

13.2　タイトル(表題)

　タイトル(表題)は論文の顔である．まず，10語(10 words)以内の簡潔なも

のが望ましい．そして，タイトルが，掲載誌の目次に並ぶことを念頭においてほしい．編集者はタイトルに使用されている言葉から，論文の目次内の掲載位置を判断するので，論文の分野・領域が判断できるようなキーワードがあれば，必ず表題に入れることが大切である．

13.3　アブストラクト（要約）

　論文の冒頭には必ず100語（100 words）程度の内容要約文（アブストラクト）を付ける．

　アブストラクトの読者は二つのタイプに分かれる．まず，同じ分野で研究を行い，その論文が読むに値するかどうかを判断したい読者．そして，論文全体を読むまでには至らないが，一般的な興味から論文の重要な結果を知りたい読者である．タイプは異なるが，これら読者は，いずれもその研究の本質的な部分を知りたがっている．したがって，アブストラクトは，論文の意図やおおまかな概要だけでなく，最終的な結果となる数値や主たる結論も十分に盛り込まねばならない．

13.4　論文の構成を考える

　とくに短い論文は別として，ある程度の長さがある場合，論文はおおむね次のような構成となる*訳者注．

　　　序論（Introduction）
　　　実験方法（Experimental method）
　　　結果（Results）
　　　考察（Discussion）

　実験を扱う論文中で，理論の内容について言及しなければならない場合もあるが，これは，序論か結果の後にもう一つ新たな項目を付け加えるのがよいだろう．

　実際のところ，内容により構成は若干変わるが，上記の論理的な構成順序からあまり外れないようにすべきである．次に各項目について述べる．

訳者注* 　p.192の脚注参照．

13.5 論文の項目
a. 序論(Introduction)

序論は論文の重要な部分である．実験の多くは科学的な問題を究明する試みの一部である．したがって，序論では次の3点を明確に述べることが大切である．

1) 科学としての面白さ．
2) その分野の研究全体に占める，自分の研究の意義・役割．
3) 自分の研究とこれまでになされた研究との関係．

これらは「**どうしてこの実験をしたのか？　またその目的は何か？**」という問いに対する答そのものとなる．

本論に目を通す読者にはこの論文テーマの予備知識がある，と思いがちであるが，そうではない場合もあることを忘れてはならない．序論は，読者がまったく初めて読むということを前提に書くことが大切である．ただ，テーマの基礎知識を頭から繰り返す必要はない．先行研究論文などを参考文献(リファレンス)として載せることで，序論と合わせ，読者に論文を読むのに必要な知識をもってもらえばよい．

素晴らしい書き出し(序論)として，トムソン(J. J. Thomson, 1856～1940)の電子の発見についての論文「Cathode Rays(Thomson, 1897)[†41]」を例として示す．

CATHODE RAYS

　The experiments discussed in this paper were undertaken in the hope of gaining some information as to the nature of the Cathode Rays. The most diverse opinions are held as to these rays; according to the almost unanimous opinion of German physicists they are due to some process in the aether to which —— inasmuch as in a uniform magnetic filed their course is circular and not rectilinear —— no phenomenon hitherto observed is analogous; another view of these rays is that, so far from being wholly aetherial, they are in fact wholly material, and that they mark the paths of particles of matter charged with negative electricity. It would seem at first sight that it ought not to be difficult to discriminate between views so different, yet experience shows that this is not the case, as amongst the physicists who have most deeply studied the subject can be found supporters of either theory.

The electrified-particle theory has for purposes of research a great advantage over the aetherial theory, since it is definite and its consequences can be predicted; with the aetherial theory it is impossible to predict what will happen under any given circumstances, as on this theory we are dealing with hitherto unobserved phenomena in the aether, of whose laws we are ignorant.

The following experiments were made to test some of the consequences of the electrified-particle theory.

〈日本語訳〉
陰極線*訳者注

　この論文で議論されている実験は，陰極線の本質に関する情報を得ることを目的として行われた．陰極線に関しては，非常に異なった（二つの）見解がある．ドイツの物理学者のほぼ一致した考えによると，それは――たとえば，一

訳者注*　当時は，原子よりも小さなものはないと考えられていた時代で，真空管中でフィラメントを加熱すると，正体のわからないもの（陰極線）が出てくることが知られていたが，それが何かはわかっていなかった．波動説（エーテルの振動）と粒子説の二つの考えがあり，ドイツのヘルツ（Hertz, 1857～1894）らは，電場や磁場による進行方向の変化が測定できないことから，波動説を考えていた．エーテルとは，光を伝搬する媒質として17世紀に導入されたもので，当時，電磁気作用も伝えると考えられていた．トムソンは，進行方向の変化が測定されないのは，真空管の真空度が悪く，粒子が気体により散乱されるためであると考え，真空度を向上させることで電場による進行方向の変化の測定を可能にし，陰極線が負電荷を帯びた粒子であることを証明した．「電子の発見」である．この業績により，1906年ノーベル賞を受賞している．

　なお，「電子の名前」は，1874年，ストーニー（G. Stoney, 1826～1911）が，水の電気分解の計算において電気の原子（電気を帯びた最小の粒子）を「電子（electron）」とよんだことによる．electronという言葉はギリシア語のこはく（$\eta\lambda\epsilon\kappa\tau\rho o\nu$）に由来しており，こはくはドイツ語ではBernstein（ベルンの石）とよばれる．

様な磁場の中で，直線ではなく円を描いて進んだり——これまでに類似の現象は観察されていないが，エーテル中のある作用によるものとされている．もう一つの考えは，陰極線は，エーテルとはまったく異なり，物質であって，負に帯電した粒子の流れを示すというものである．

　一見，まったく異なる見解を区別するのは難しくないように見えるかもしれない．しかし実際はそうではなく，もっともこの現象を研究した物理学者の中で，両理論が，それぞれ支持されているのである．

　帯電粒子の理論は，研究のうえではエーテル理論に勝っている．というのも，前者は明確で結果を予測することができるが，エーテルの理論では，任意の与えられた条件の中で何が起こるかを予測することができないからだ．それは，後者がこれまで観察されたことのない，また，その法則を知らないエーテルの中での現象を扱っているためである．

　以下の実験は，帯電粒子の理論によるいくつかの結果をテストするために行われた．

　この文章については後にまた触れる．トムソンが序論に盛り込むべき情報をいかに明確かつ直截的に盛り込んでいるか，その書きぶりを見てほしい．理想的な書き出しといえる文章である*訳者注．

b．実験方法（Experimental method）

　この項目では，実験手順・装置について記述する．どこまで詳しく述べるかは論文次第であり，また本人の判断次第であるが，一般的指針を見ていこう．

　まず標準的な実験装置・器具を用いた場合は，その装置・器具の名称を書くだけに留め，さらに詳しく知りたい人のためには，参考文献を付けて参照してもらう．もちろん，まったく新たな手法を用いた場合は詳述する必要がある．また，実験装置や器具に主眼を置く専門誌の場合は，さらに詳しい記述が必要

訳者注* 19世紀末に書かれた論文であるため，やや古い表現（inasmuch, hitherto など）が使われるなど，英語を母語としないものにはなかなか書けない文章であるが，研究の目的，背景と現状，問題点の提示，研究内容の提示など，論文中もっとも重要な「導入」である序論に不可欠な構成要素（情報）の組込み方，また，その表現方法（英文の構文）に注目して読んでもらいたい．

だろうが，ここではそういう場合は扱わず，おもな興味が結果とその解釈の説明である場合に限る．

　この項目を読む読者が，ある程度の予備知識をもっているものと思うかもしれないが，あまり期待してはいけない．論文は，**同じような装置を用いて実験を行っている人達だけを読者の対象にするべきではなく**，したがって，専門の近い研究者だけに通じる言葉を使用したり，彼らの興味だけを引くような，やたらに細かい記述は避けることが大切である．

c．結果(Results)

　すべての実験結果を結論に盛り込むことは不可能かつ無意味であり，読者を混乱させ，論文を読もうとする興味が失せるだけである．**読者は自分の研究との関連性を見きわめ，重要で必要な結論のみが欲しい**のである．また，それを知らせるように書くことがあなたの役目である．そこで，
1) 基本的な実験結果のうち，代表的な一例を載せる．
2) 重要な結論を載せる．

ことを心がけよう．1)の「代表的な」例とは，実験結果の中でも，質・精度・再現性において正確な描像を与えるものを指す．

d．考察(Discussion)

　この項目は，表題のとおり「考察」である．序論と同様，この項目は論文の中で重要な位置を占め，以下の三つの内容を含むことが必要である．
1) 可能であれば，同様の実験結果との比較，検討．
2) 関連のある理論との比較，検討．
3) 自分の実験結果をもとにした，研究対象となっている問題の状況について議論．これがすなわち結論であり，**序論で述べた実験目的の「答」**となる*訳者注．

訳者注* 　最後に，本論のまとめとして，結論(Conclusion)やまとめ(Summary)を項目として書き加える場合がある(序論で述べた内容と同様であれば繰り返す必要はない)．また，その後に研究や執筆に対して貢献・援助を受けた人・機関に対する「謝辞，Acknowledgements」と「参考文献/引用文献，References」が続く．

13.6 図表

図表，グラフについては10章，11章で述べたとおりである．図表は文章の理解を深める．実験装置が標準的なものでない場合，図でイメージを伝えることが必要となる．また，グラフはもっとも便利な結果の表示方法である．大切なのは，いずれも「簡潔に示す」ということである．最終印刷版では図表が1/2とか1/3に縮刷されるので，原稿の段階で見栄えがよくても，見難くなったりぼやけたりすることを考慮に入れ，注意することが必要である．表は，読者に結論を明りょうに効率よく伝えることができる．

13.7 投稿規定

今は，科学雑誌のほとんどで，ネットのオンラインおよびハードコピーの両方の投稿原稿を受け付けている．たいていの雑誌では巻頭や巻末にこうした投稿方法が載っている（年に数回掲載される）．また，掲載する論文の構成や体裁についての投稿規定パンフレット（スタイルマニュアルなど）も作成されているので，論文を書く前に必ず読むことが必要である．いい加減にすると，後で訂正するのに膨大な手間がかかることになる（結局自分にふりかかることになる）．

投稿規定には，各項目の見出しの付け方，略語，脚注，文献の引用方法，図表原稿の書き方，数式の表示方法などが指定されている．数式を冗長にすると印刷上不都合であるし，費用もかさむ．たとえば，

$$\sqrt{a^2+b^2} \text{ よりも } (a^2+b^2)^{\frac{1}{2}}$$

の書き方の方が雑誌では好まれる．もし，雑誌が投稿規定パンフレットを発行していない場合，最近の雑誌やインターネットのホームページで確認するとよい．

13.8 明瞭・明確であること

科学英語において，明瞭・明確であることは至上命題である．次に「二つの明確さ」について考えてみよう．

a. 構造の明確性

一つ目は「構造の明確さ」である．まず，読者がすんなりと本論の大筋を理解できるような（木ではなく森を見るように）明確な構成にしなくてはならない．同様の事項をまとめ，それぞれまとめたものは論理的に順序立てて構成することが大切である．

論文の執筆にとりかかる前に，**必ず骨組みを考えよう**．着想や議論，実験の詳細などの項目を，単語や短い文章にし，列挙してみると自分で筋道や構成が見通せるし，不満であれば後で容易に書き直しができる．この骨格の各項目が，13.4節の構成内容に相当する．

b. 説明の明確性

もう一つの明確性は「説明の明確さ」であり，議論の各段階において，読者に主張を正しく理解してもらえるようにすることである．

先のCathode Rays（陰極線 13.5節 a）からの引用を見てほしい．明確そのものである．論点のつながり一つひとつが明確に理解できる．たとえば，第1パラグラフの7行目に "so far from being wholly aetherial" という表現が使われている．これは，なくても理解できるところだが，二つの解釈の違いを比べる明快な対比表現（この場合，"so far from being wholly aetherial"＝「陰極線はエーテルとはまったく異なり」↔ "they are in fact wholly material"＝「実際のところ，物質そのものであり」）があるとより理解しやすい．**読者が読みやすいこと**，これはいずれの文章においても大切であるが，科学論文においてはことさらに肝心である．

トムソンの例文は非常に明快なことを説明しているので，それほど厳しい基準に感じられないかもしれない．しかし，単純明快に見えるのは，トムソン自身が説明を単純明快にしているからである．彼は，陰極線の二つの理論の重要な特徴を題材として選んでいる．彼は，科学をよく理解しているからそれが可能になったのであり，このことが基本である．明快な文章は，明快な思考によって初めて成り立つのである．**科学を深く理解することなく，明確で論理的な論文を生み出すことはできない**ことを肝に銘じておこう．

13.9 よい英語とは

いよいよ，**読者とみなさんを結び付ける「言葉」**について，である．科学論文における「よい英語」とは，文法的に正しければよいというものではない（もちろん，文法は大切であるが）．正確に主張を伝えるため，どの単語を選び，そしてどのように文章を組み立て，いかに簡潔かつわかりやすい文章にできるか，ということに尽きる．役に立つ参考図書を 253 頁にあげるので参考にしてほしい．さらにいくつかのポイントを見てみよう．

a．人称の問題

学生には，一人称である"I"は，なるべく使わないように，と指導されることが多いが，この説に理にかなった根拠はないように思われる．自分で実際に行った実験について書くのであれば，"I(私)"が主語となるのが自然な流れであり，文章も能動態となる．この方が受動態で書くよりも，より簡潔で直接的な表現となる．とはいえ，昨今では実験を記述するのに一人称を使った論文がほとんど見られないのも事実であり，世間一般の風潮に合わせたい，と思うのなら一人称は使わないでおけばよい．ただし，ニュートンやファラデー(M. Faraday, 1791～1867)，マックスウェル(J. C. Maxwell, 1836～1879)，トムソンらは一人称で論文を書いている．デーモン・ランヨン(Damon Runyon, 1884～1946：米国の短編小説家・記者)が指摘したように，一人称を使うことで，このような偉人たちの仲間入りをするのもよいかもしれない．

b．表現の多様性

概して，明確な文章とは短文で構成されているものであるが，単調な文体となるのを避けるため，表現に変化をもたせなければならない．一文が長くなっても明確に書くことは可能であるが(先のトムソンの文章はとても短い文とはいえない)，そのためには，より高度な作文技術が必要となる．

c．段落

段落によって区切ることで，読者に議論の内容をよりよく理解してもらうこ

とができる．新たな論点を展開したり，異なる視点から議論を始めたりする場合には，新しい段落を設けること．

d. 冗長な表現は避ける

だらだらと言葉数の多い，遠回しな表現は避けること．また，同じような意味をもつ修飾語句(副詞や形容詞)を重ねて使わないこと．以下，1番目に悪い文例，2番目に良い文例をあげるので違いを比較してほしい(2番目の方がいかにすっきりとして分かりやすいか)．

1-1) Calculations were carried out on the basis of a comparatively rough approximation.

1-2) Approximate calculations were made.

2-1) Similar considerations may be applied in the case of copper with a view to testing to what extent the theory is capable of providing a correct estimate of the elastic properties of this metal.

2-2) The elastic properties of copper may be calculated in the same way as a further test of the theory.

e. 長すぎる形容詞句

長い形容詞句で名詞を修飾しないこと．そのような形容詞句はもはや形容詞としての用をなさない．

The time-of-flight inelastic thermal neutron scattering apparatus …

これは，次のように書き換えた方がよいだろう．

The time-of-flight apparatus for the inelastic scattering of thermal neutrons…

f. 分詞構文の主語について(懸垂分詞)

科学英語において，次のような分詞と主文の主語が一致しないという誤った分詞構文(懸垂分詞 unattached participle/dangling participle)がよく見られる．

Inserting equation (3), the expression becomes……
(方程式(3)を代入すると，数式は…のようになる)
Using a multimeter, the voltage was found to be….
(マルチメーターを使用すると，電圧は…と観察された)

このような文があまりに多いため，どこが間違っているのかもわからないかもしれない．

分詞構文とは，分詞が副詞節のように主文を修飾し，分詞の意味上の主語は，主文の主語と一致しなければならない．ところが，これらの例文では，分詞("Inserting equation (3)"や"Using a multimeter")の主語と，主文("the expression becomes…"や"the voltage was found to be…")の主語は一致していない(このままでは the expression が equation (3) を insert することになり，間違いである．insert するのは，書き手である著者であろう．2番目も同様で，the voltage は multimeter を使用する主語ではない．multimeter を使用しているのは実験者であろう)．

13.10 最後に

　誰もが素晴らしい文学作品を書くことはできないが，**「明確な，よい英語」**は，努力する労を厭わなければ，誰にでも書くことができる．自分が書く内容に批評的な目を向けよう．論理性は一貫しているか，明確，簡潔に書けているかどうかを常に問い続けてみる．そして，納得がいかなければ何度でも書き直す．努力を惜しまなければ，それだけ読みやすい文章ができあがるだろう．書いたものをお互いに読み合い，批評し合うのもよいだろう．

　「よい実験」と「よい文章」をまったく別のものと考えてはいけない．どちらにも相通ずる美しさがあり，ガリレオやニュートンのような**もっとも偉大な科学者が，もっとも素晴らしい文章で科学書を著わした**，ということは偶然ではないだろう．最後に，セルバンテス(科学者ではないが)の「ドン・キホーテ」からの言葉でしめくくるとしよう．

Study to explain your Thoughts and set them in the truest Light, labouring as much as possible not to leave them dark nor intricate, but clear and intelligible.

「(君としては的確で意義深い,そしてその場にしっくりとくる言葉を用いることによって文章が平明で調べの高い,しかも軽妙なものとなるように心がけ,そうすることによって),力の及ぶ限り君の意図を表明し,君の考えていることを混乱させたり,曖昧にしたりすることなく伝えるように努めさえすればいいんだよ.」
(セルバンテス「ドン・キホーテ」の序文より.岩波書店　牛島信明訳)

ティータイム

科学英語を語源にたどると

　科学英語論文には，独特の「語彙」がある．たとえば，英語の万能動詞ともいわれる get にはなかなかお目にかかれない．「結果を得る」の「得る」には get ではなく，obtain が使われるように，論文にふさわしい語彙とそうでない語彙にはどのような違いがあるのだろうか？

　その答えは英語の成立ちにある．現代英語の約2割を占め，英語の基礎となる「アングロ・サクソン語」本来の言葉，本来語(native words)の語彙には，科学の概念を表す言葉はない．5世紀，ゲルマン民族の大移動に伴ってブリテン島(イギリス)に移り住み，支配者となったアングロ・サクソン人達の「本来語」は，日常生活に密着した語彙[*1]からなり，現代の英語話者にとって，やわらかな，時には懐かしささえもよび起こす語感をもつらしい．

　この本来語に対し，6世紀にキリスト教伝来とともに伝えられたラテン語，そして11世紀にフランスのノルマンディー地方からやってきてブリテン島を征服したノルマン人のフランス語によって英語にもたらされた語彙が「借入語」(borrowed words)とよばれる．この語彙は，抽象的・知的概念や，社会・宗教・文化用語など多岐にわたり[*2]，現代の各分野を支える基本的な言葉となっている．ちなみに14世紀の終わりまでに借入されたフランス語の75％が今も使用され，現代英語の語彙の50％をフランス語系が占めるに至っている．このフランス語系ノルマン人統治下，英語は約300年間公文書から追放され，「庶民の言葉」という地位に甘んじるという憂き目を見た．

　この後，英語には再びラテン語が流入する．ルネッサンス期(15世紀〜17世

注[*1]　基本数詞：one, two, three　機能語：in, of, at, the, an　身体部：ear, eye, hand　人間の生物的活動現象：eat, drink, say　自然現象：cloud, rain, ice　動植物：bird, dog, egg　もっとも身近な家族：father, mother, wife など．
注[*2]　政治用語 government　宗教用語 religion　軍隊用語 enemy, arm　法律用語 judge, attorney, evidence　文学用語 tragedy　医学用語 medicine, physician など．

紀），古典ラテン語である古代ギリシャ・ローマ時代の文献の「文章語」が「そのまま」英語に取り入れられ，学術用語を中心にした語彙が形成された．これは，先のノルマン人のフランス語から借入された言葉に比べると，さらに一層「堅い」語感をもつ．その結果，英語は似ている意味をもちながら，その語源によって，効果や使い方の異なる語彙をもつことになった[*3]．

この，単音節（母音がひとつ）からなるアングロ・サクソンの「本来語」に対し，多音節的で長い感じのする「借入語」が共存している状況は，日本語におけるやわらかい口語表現の「やまとことば」と，文章語である借入語の「漢語」，という構図にそっくりである．こう考えると，借入語の語彙が「堅い」言葉であることに納得がいく．印刷技術が普及した当時，シェイクスピア（1564〜1616）という英文学の大家が活躍しながら，ニュートンの「プリンキピア」（「自然哲学の数学的諸原理」，1687）がラテン語で著された，ということは，学問のように高尚で堅い内容はラテン語で，という意識を象徴する出来事ではないだろうか．

さらに，特筆すべきラテン語の特性は，接頭辞（inter-，multi-，ultra-，sub-）や接尾辞（-ive，-able）などの造語力である．これらを組み合わせることで，英語は，産業革命以降の新発明品などの新しい語彙をどんどん増やし，それは現在も続いているのである（microscope，semiconductor など）．
これも，明治期に，「社会」「自由」「科学」「技術」「哲学」など，新しい概念を漢字でつくり出した日本語の歴史と重なって見える．

さて，この歴史を念頭に置きながら科学英語を見ると，いわゆる「堅い」借入語の語彙に満ちており，巷にあふれるハリウッド映画などのアングロ・サク

注[*3]　動詞　比較例

本来語	古フランス語	古典ラテン語
ask（尋ねる）	question（質問する）	interrogate（尋問する）
see（見る）	perceive（知覚する）	discriminate（識別する）
show（示す・表す）	express（表現する）	demonstrate（示す・実証する）
		indicate（示す）
watch（見る）	observe（観察する）	investigate（調査・研究する）

英語（Oxford English Dictionary）の語彙数は約 50 万語，ドイツ語は 18 万 5 千語，フランス語は 10 万語，という数字もある．
(R. McCrum, W. Cran, R. MacNeil, *"The Story of English"*, Penguin (1986))

ソン語的な口語表現は好まれない．冒頭の，動詞 get は代表的なアングロ・サクソン語の動詞であり，obtain はれっきとした借入語の動詞（語源：Middle English では *"obteinen"*，Middle French & Latin では *"obtenir"*，Latin では *"obtinere"*；Merriam Webster Online より）であり，論文にふさわしい「堅さ」をもつ言葉といえよう．

　論文を読んだり書いたりするときに，辞書で語源を参考にするのも一興だ．ラテン・フランス語系か，ということを判断基準にすると，論文にふさわしい英語表現を選択し，理解する助けとなるだろう．

付録 A：ガウス分布に関連した積分計算

A.1 $\boxed{\int_{-\infty}^{\infty} \exp(-x^2)\, \mathrm{d}x}$

まず有限な範囲での積分

$$U = \int_{-a}^{a} \exp(-x^2)\, \mathrm{d}x = \int_{-a}^{a} \exp(-y^2)\, \mathrm{d}y \tag{A.1}$$

を考える(積分変数の文字は，何でも結果に影響しない)．これから，

$$U^2 = \int_{-a}^{a} \exp(-x^2)\, \mathrm{d}x \int_{-a}^{a} \exp(-y^2)\, \mathrm{d}y \tag{A.2}$$

それぞれの積分における被積分関数は x か y のどちらかを含むだけなので，右辺は，$\exp[-(x^2+y^2)]$ を，図 A.1 の正方形 ABCD の領域にわたって積分

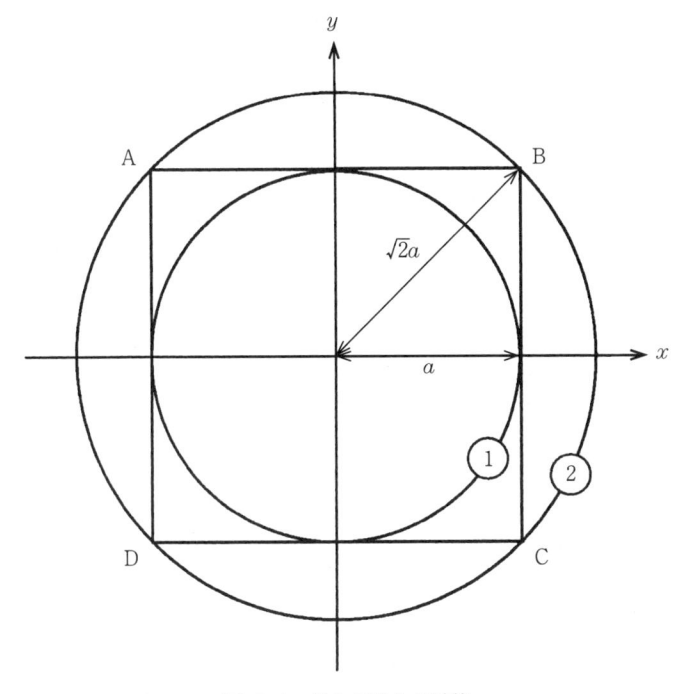

図 A.1 ガウス積分の計算

することで得られる.

$$U^2 = \int_{-a}^{a}\int_{-a}^{a} \exp[-(x^2+y^2)]\,\mathrm{d}x\,\mathrm{d}y \tag{A.3}$$

ここで極座標 (r, θ) に変換すると,半径 b の円にわたる積分は,

$$W(b) = \int_{0}^{b}\int_{0}^{2\pi} \exp(-r^2)\,r\,\mathrm{d}r\,\mathrm{d}\theta = \pi[1-\exp(-b^2)] \tag{A.4}$$

と書ける.$b=a$ のとき,U^2 は $W(b)$(図A.1の円①)より大きな値を取るが,$b=\sqrt{2}\,a$ のときの $W(b)$(図A.1の円②)よりは小さい.すなわち,U^2 は $\pi[1-\exp(-a^2)]$ と $\pi[1-\exp(-2a^2)]$ の間の値を取る.ここで,a を無限大にするとこれら二つの積分は,ともに π に近づくから,

$$\int_{-\infty}^{\infty} \exp(-x^2)\,\mathrm{d}x = \sqrt{\pi} \tag{A.5}$$

となる.

A.2 $\boxed{\int_{-\infty}^{\infty} \exp(-x^2/2\sigma^2)\,\mathrm{d}x}$

$y = x/\sqrt{2}\,\sigma$ と変数変換し,A.5式を用いることにより

$$\int_{-\infty}^{\infty} \exp(-x^2/2\sigma^2)\,\mathrm{d}x = \sqrt{2}\,\sigma \int_{-\infty}^{\infty} \exp(-y^2)\,\mathrm{d}y$$
$$= \sqrt{(2\pi)}\,\sigma \tag{A.6}$$

A.3 $\boxed{I_n = \int_{0}^{\infty} x^n \exp(-x^2/2\sigma^2)\,\mathrm{d}x}$

n はゼロか正の整数.まず,I_0 と I_1 を求めると,

$$I_0 = \int_{0}^{\infty} \exp(-x^2/2\sigma^2)\,\mathrm{d}x = \sqrt{\left(\frac{\pi}{2}\right)}\,\sigma \tag{A.7}$$

これは,A.6式において,偶関数であることから,積分範囲が半分で値も半分になることで求まる.I_1 は直接積分することにより

$$I_1 = \int_{0}^{\infty} x \exp(-x^2/2\sigma^2)\,\mathrm{d}x = 2\sigma^2 \int_{0}^{\infty} y \exp(-y^2)\,\mathrm{d}y$$
$$= \sigma^2 \tag{A.8}$$

ここで,σ を変数とみなし,I_n を σ で微分すると

$$\frac{\mathrm{d}}{\mathrm{d}\sigma}\int_0^\infty x^n \exp(-x^2/2\sigma^2)\,\mathrm{d}x = \frac{1}{\sigma^3}\int_0^\infty x^{n+2} \exp(-x^2/2\sigma^2)\,\mathrm{d}x \quad (\mathrm{A}.9)$$

すなわち

$$I_{n+2} = \sigma^3 \frac{\mathrm{d}I_n}{\mathrm{d}\sigma} \tag{A.10}$$

であるから，$n>1$ に対して，

$$I_n = 1\cdot 3\cdot 5\cdot \cdots \cdot (n-1)\sqrt{\left(\frac{\pi}{2}\right)}\sigma^{n+1} \quad (n\text{ は偶数}) \tag{A.11}$$

$$I_n = 2\cdot 4\cdot 6\cdot \cdots \cdot (n-1)\sigma^{n+1} \quad (n\text{ は奇数}) \tag{A.12}$$

となる．また，積分範囲を$-\infty$から$+\infty$にすると，被積分関数は奇関数なので，nが偶数のときは積分値は倍の値を取り，nが奇数のときはゼロとなる．

付録 B：ガウス分布における偏差 s^2

3.7 節で示した関係，ガウス分布における s^2 の分散が $2\langle s^2\rangle^2/(n-1)$ となることを証明する．

n 回測定を行った一組の測定値について，s^2 および s^2 の誤差は

$$s^2 = \frac{1}{n}\sum d_i^2 \tag{B.1}$$

$$u = s^2 - \langle s^2 \rangle \tag{B.2}$$

である．われわれが必要とする量は，

$$\langle u^2 \rangle = \langle s^4 - 2s^2\langle s^2\rangle + \langle s^2\rangle^2 \rangle$$
$$= \langle s^4 \rangle - \langle s^2 \rangle^2 \tag{B.3}$$

である．ここで，3.8 式，3.16 式より，

$$s^2 = \frac{1}{n}\sum e_i^2 - \frac{1}{n^2}(\sum e_i)^2$$
$$= \left(\frac{1}{n} - \frac{1}{n^2}\right)\sum e_i^2 - \frac{1}{n^2}\sum_{\substack{i\ j\\(i\neq j)}} e_i e_j \tag{B.4}$$

したがって，B.4 式および両者を 2 乗して，分布全体にわたり平均を取ることで

$$\langle s^2 \rangle = \left(1 - \frac{1}{n}\right)\langle e^2 \rangle \tag{B.5}$$

$$\langle s^4 \rangle = \left(\frac{1}{n} - \frac{1}{n^2}\right)^2 n\langle e^4 \rangle + \left(\frac{1}{n} - \frac{1}{n^2}\right)^2 n(n-1)\langle e^2 \rangle^2$$
$$+ \frac{1}{n^4} 2n(n-1)\langle e^2 \rangle^2 \tag{B.6}$$

が得られる．よって，B.3 式，B.5 式，B.6 式から

$$\frac{\langle u^2 \rangle}{\langle s^2 \rangle^2} = \frac{1}{n}\left[\frac{\langle e^4 \rangle}{\langle e^2 \rangle^2} - \frac{n-3}{n-1}\right] \tag{B.7}$$

ガウス分布の場合は，表 3.3 から，

$$\langle e^4 \rangle = 3\sigma^4 \quad \text{および} \quad \langle e^2 \rangle = \sigma^2 \tag{B.8}$$

であるから，証明すべき

$$\langle u^2 \rangle = \frac{2}{n-1}\langle s^2 \rangle^2 \tag{B.9}$$

が得られる．

付録C：直線の傾きと切片の標準誤差

4.2節では，$y=mx+c$ について，n組の$(x_1, x_2), (x_2, y_2), \cdots, (x_n, y_n)$からなる測定値を用い，等価な重み付けで，最小2乗法により最良のm, cを求めることを学んだ．ここでは，4.31式，4.32式で与えられた標準誤差，Δm, Δcを導こう．

上に述べたn組の測定を何度も繰り返すことを考える．このとき，x_nの値は等しく変わらないとすると，各x_iに対して，多くのy_iの値が得られることになる．そこで，図C.1のように，各x_iにおいて，y_iの真の値Y_iを中心としたy_iの分布ができると考える．n組の値は同じ重み，すなわち同じ分散をもち，これをσとする．

さて，m, cの真の値をM, Cとすると，

$$Y_i = Mx_i + C \tag{C.1}$$

が成り立つ．これは真の直線を与える．

それぞれのn組の(x_i, y_i)について，4.25式，4.26式によりm, cを求め，

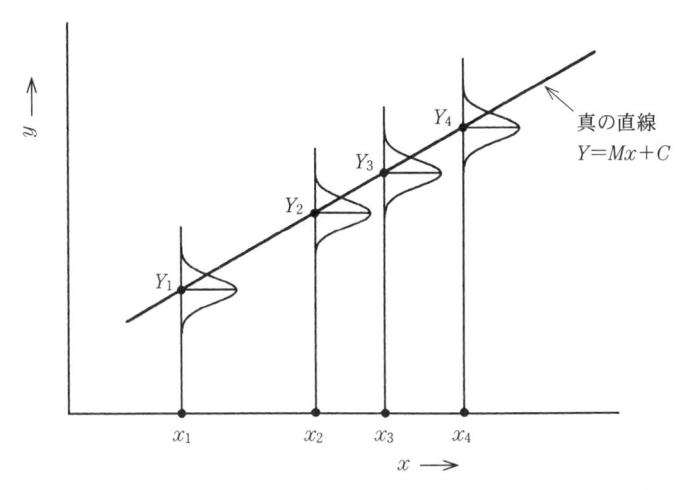

図 C.1 異なるxについて，それぞれ測定を繰り返すことで，各xに対し，真の値Yを中心とする分布ができる．各xにおける測定は，同じ重みをもつから，得られた分布の標準偏差はすべて等しい．

分布にわたる平均から，Δm と Δc が

$$(\Delta m)^2 = \langle (m-M)^2 \rangle \tag{C.2}$$

$$(\Delta c)^2 = \langle (c-C)^2 \rangle \tag{C.3}$$

として求まることになる．しかし，実際には，測定を何度も繰り返すことはなく，n 組の (x_i, y_i) からこうした推定を行わなくてはならない．このとき，一本の直線から得られる m と c が，最良推定値 M, C となるが，Δm, Δc は，どうやって求めればよいのだろうか？

見通しをよくするために，変数変換

$$\xi = x - \bar{x} \tag{C.4}$$

を行う．ここで，

$$\bar{x} = \frac{1}{n} \sum x_i \tag{C.5}$$

である．

$$\sum \xi_i = \sum (x_i - \bar{x}) = 0 \tag{C.6}$$

の関係があり，D として，

$$D = \sum \xi_i^2 = \sum (x_i - \bar{x})^2 = \sum x_i^2 - n\bar{x}^2 \tag{C.7}$$

を定義すると，直線

$$y = mx + c \tag{C.8}$$

は

$$y = m(\xi + \bar{x}) + c \tag{C.9}$$

$$= m\xi + b \tag{C.10}$$

となる．ここで

$$b = m\bar{x} + c \tag{C.11}$$

である．

n 組の (x, y) に対する最良値 m, b は，4.25 式，4.26 式を用い，c を b に，x を ξ に置き換えることで求められる．$\sum \xi_i = 0$ だから，これらの式は

$$m = \frac{1}{D} \sum \xi_i y_i \qquad b = \bar{y} = \frac{1}{n} \sum y_i \tag{C.12}$$

となる．以後，m, b はこの値を指すものとする．

ある一組の測定値に対して，m は y_i の線形の関数として，C.12 式から

$$m = \frac{\xi_1}{D} y_1 + \frac{\xi_2}{D} y_2 + \cdots \tag{C.13}$$

と表される．ここで，それぞれの y の係数は，ほかの測定値の組においても，すべて等しい．また，それぞれの n 個の測定値の組で，異なる y_i の間には相関はないと考えており，4.17式，4.18式を用いて，Δm を Δy により

$$(\Delta m)^2 = \left(\frac{\xi_1}{D}\right)^2 (\Delta y_1)^2 + \left(\frac{\xi_2}{D}\right)^2 (\Delta y_2)^2 + \cdots \tag{C.14}$$

のように書くことができる．ただし，

$$(\Delta y_1)^2 = (\Delta y_2)^2 = \cdots = \sigma^2 \tag{C.15}$$

したがって，

$$(\Delta m)^2 = \frac{\sum \xi_i^2}{D^2} \sigma^2 = \frac{\sigma^2}{D} \tag{C.16}$$

となり，同様にして

$$(\Delta b)^2 = \frac{1}{n} \sigma^2 \tag{C.17}$$

が得られる．C.11 式から，

$$(\Delta c)^2 = (\Delta b)^2 + \bar{x}^2 (\Delta m)^2 \tag{C.18}$$

$$= \left(\frac{1}{n} + \frac{\bar{x}^2}{D}\right) \sigma^2 \tag{C.19}$$

(p.211 のコメントを参照)

次に，σ について考えよう．B が真の値であるとすると，

$$Y_i = M\xi_i + B \tag{C.20}$$

この式を，すべての i について書き下し，足し合わせると，$\sum \xi_i = 0$ だから，B を表す式が得られる．また，ξ_i をかけて加え合わせると，M を表す式が得られる．

$$M = \frac{1}{D} \sum \xi_i Y_i \qquad B = \frac{1}{n} \sum Y_i \tag{C.21}$$

i 番目の y に対する誤差は

$$e_i = y_i - Y_i = y_i - (M\xi_i + B) \tag{C.22}$$

であり，ξ_i における最良直線は，y として $m\xi_i + b$ を与える．したがって，残差 d_i は

$$d_i = y_i - (m\xi_i + b) \tag{C.23}$$

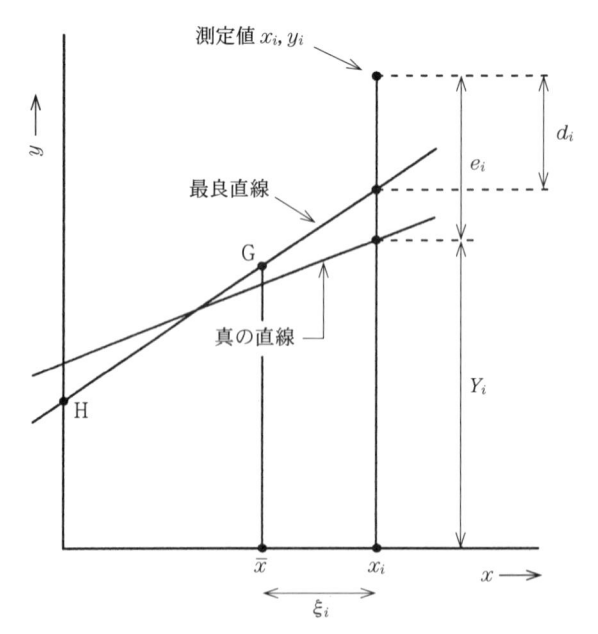

図 C.2 付録 C の中で定義された様々な量の間の関係．

となる．それぞれの関係を図 C.2 に示してある．

　一組の測定では，真の値が得られないので，誤差 e_i はわからないが，残差 d_i は知ることができる．n 個の測定値に対する d_i の **2 乗平均平方根**(root-mean-square) は以前と同様に s として定義される．

C.22 式と C.23 式から，

$$d_i = e_i - [(m-M)\xi_i + (b-B)] \tag{C.24}$$

また，C.12 式と C.21 式から

$$m - M = \frac{1}{D}\sum \xi_i(y_i - Y_i) = \frac{1}{D}\sum \xi_i e_i \tag{C.25}$$

$$b - B = \frac{1}{n}\sum e_i \tag{C.26}$$

となる．C.25 式，C.26 式を C.24 式に代入し，両辺を 2 乗して i について加え合わせると，

$$\sum d_i^2 = \sum e_i^2 - \frac{1}{D}(\sum \xi_i e_i)^2 - \frac{1}{n}(\sum e_i)^2 \tag{C.27}$$

が得られることになる．ここで，$\sum \xi_i = 0$ を用いた．

C.27式を，すべての測定値の組に対して平均すれば，ξ_i は固定値，$e_i e_j$ $(i \neq j)$ の和はゼロになることを考えて，右辺第二項は

$$\frac{1}{D}\langle (\sum \xi_i e_i)^2 \rangle = \frac{1}{D}\langle \sum \xi_i^2 e_i^2 \rangle = \sigma^2 \tag{C.28}$$

となるから，C.27式は

$$n\langle s^2 \rangle = n\sigma^2 - \sigma^2 - \sigma^2 \tag{C.29}$$

$$\sigma^2 = \frac{n}{n-2}\langle s^2 \rangle \tag{C.30}$$

となる．われわれが得ることができる $\langle s^2 \rangle$ の最良値は $(1/n)\sum d_i^2$ であるから，C.16式，C.19式，C.30式より，

$$(\Delta m)^2 \approx \frac{1}{D}\frac{\sum d_i^2}{n-2} \tag{C.31}$$

$$(\Delta c)^2 \approx \left(\frac{1}{n}+\frac{\bar{x}^2}{D}\right)\frac{\sum d_i^2}{n-2} \tag{C.32}$$

が得られる．重みが等しくない場合への一般化は，i 番目の点での重みを w_i とすると，i 番目の分布の偏差は，$\sigma^2(\sum w_i)/nw_i$，となる．ここで σ は定数．

m, c, b の関連に対するコメント

C.18式では，m と b は独立であるとしており，これは，C.12式，C.21式から $(m-M)(b-B)$ を計算するところですでに確認されたかもしれない．この量の平均値はゼロに見える．しかし，m と c は

$$\langle (m-M)(c-C) \rangle = -\bar{x}(\Delta m)^2 \tag{C.33}$$

で見られるように独立ではない．m と $b(=\bar{y})$ は独立であるが m と c は独立ではないので，最良直線は，m と b を用いて

$$y = (m \pm \Delta m)(x - \bar{x}) + b \pm \Delta b \tag{C.34}$$

と書かれるべきであり，

$$y = (m \pm \Delta m)x + c \pm \Delta c \tag{C.35}$$

とすべきではない．C.34式は任意の値 x における y の最良値の誤差 Δy が

$$(\Delta y)^2 = (\Delta b)^2 + (x - \bar{x})^2 (\Delta m)^2 \tag{C.36}$$

と書かれることを正しく示している．この場合，最良直線は重心 G を通り，

G における y の誤差と，傾きの誤差は独立に Δy に寄与する．一方，C.35 式は，中心が H であるとして，誤った表示になっている．

付録 D：二項分布とポアソン分布

ポアソン分布は二項分布の極限と考えられるので，まず，二項分布から考えよう．

D.1：二項分布

a：偏差

ただ二つだけの結果 A と B が得られる事象を考える．A が現れる確率を p とすると，B が現れる $q=1-p$．今，N 回事象を観察して，A が n 回，B が $N-n$ 回現れる確率を $w_N(n)$ とすると，これは，N 個の中から n を選ぶ方法と，n 回が A，$N-n$ 回が B である確率の積として

$$w_N(n) = \frac{N!}{n!(N-n)!} p^n q^{N-n} \tag{D.1}$$

のように表されることになる．この確率関数は二項分布として知られている．この関数は，N と p の二つの変数により特徴付けられており，図 D.1 に $N=10$，$p=\frac{1}{3}$ の場合のグラフを示してある．

$w_N(n)$ を $n=0$ から $n=N$ まで加え合わせると，1になる（規格化）べきであり，このことをチェックしてみよう．関数 $g(z)$ を

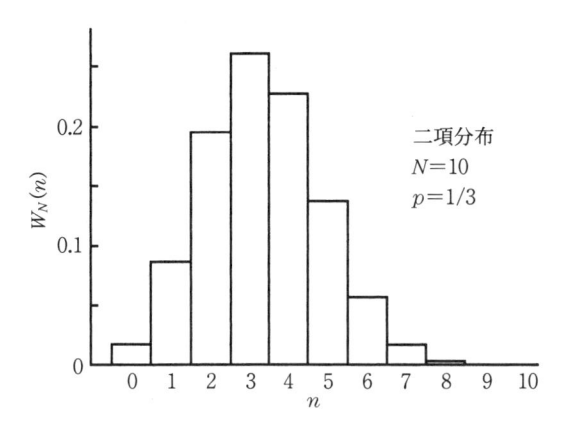

図 D.1　$N=10$，$p=\frac{1}{3}$ の二項分布

$$g(z) = (q+zp)^N \tag{D.2}$$

のように定義すると，z^n の項の係数が $w_N(n)$ になる．したがって，

$$g(z) = (q+zp)^N = q^N + zNpq^{N-1} + z^2 \frac{N(N-1)}{2!} p^2 q^{N-2} + \cdots + z^N p^N$$
$$= w_N(0) + zw_N(1) + z^2 w_N(2) + \cdots + z^N w_N(N) \tag{D.3}$$

$\sum_{n=0}^{N} w_N(n)$ は，D.3 式で $z=1$ として得られる．

$$\sum_{n=0}^{N} w_N(n) = g(1) = (q+p)^N = 1 \qquad (q+p=1 \text{ より}) \tag{D.4}$$

b：n の平均値

全分布にわたる n の平均値は，D.3 式より

$$\langle n \rangle = \sum_{n=0}^{N} n w_N(n) = \left(\frac{dg}{dz}\right)_{z=1}$$
$$= Np(q+p)^{N-1}$$
$$= Np \tag{D.5}$$

すなわち，一度の観察で，A が現れる確率が p であるとき，N 回の観察で A が現れる回数の平均は Np となる．

c：標準偏差

標準偏差 σ は

$$\sigma^2 = \langle (n - \langle n \rangle)^2 \rangle = \langle n^2 - 2n\langle n \rangle + \langle n \rangle^2 \rangle$$
$$= \langle n(n-1) \rangle + \langle n \rangle - \langle n \rangle^2 \tag{D.6}$$

と書ける．

$$\langle n(n-1) \rangle = \sum_{n=0}^{N} n(n-1) w_N(n) = \left(\frac{d^2 g}{dz^2}\right)_{z=1}$$
$$= N(N-1) p^2 (q+p)^{N-2}$$
$$= N(N-1) p^2 \tag{D.7}$$

であるから，D.5 式，D.6 式，D.7 式より，

$$\sigma^2 = N(N-1)p^2 + Np - N^2 p^2$$
$$= Np(1-p) \tag{D.8}$$
$$\sigma = \sqrt{(Npq)} \tag{D.9}$$

となる.

D.2：ポアソン分布

a：偏差

ポアソン分布とは，二項分布において，Nを∞，pをゼロに近づけた極限の分布で，Npは定数となり，これをaで表す. 事象Aがn回生じる確率$w_a(n)$は

$$w_a(n) = \lim_{\substack{N \to \infty \\ p \to 0 \\ Np = a}} \frac{N!}{n!(N-n)!} p^n q^{N-n}$$

$$= \frac{a^n}{n!} \lim \frac{N(N-1)\cdots(N-n+1)}{N^n} q^{N-n} \tag{D.10}$$

と表され，Nを無限大にすると

$$\frac{N(N-1)\cdots(N-n+1)}{N^n}$$

は1になる（nは有限の値でNに比べて小さい）. また，

$$q^{N-n} = (1-p)^{N-n} = \left(1 - \frac{a}{N}\right)^{N-n}$$

$$= \frac{\left(1 - \dfrac{a}{N}\right)^N}{\left(1 - \dfrac{a}{N}\right)^n} \tag{D.11}$$

は，Nが無限大になると，分子は$\exp(-a)$に，また分母は1となり，ポアソン分布

$$w_a(n) = \exp(-a) \frac{a^n}{n!} \tag{D.12}$$

が得られる. 二項分布は，二つのパラメータにより特徴付けられていたが，ポアソン分布は，一つのパラメータaにより特徴付けられる. $w_a(n)$の和を取ると1になることが確かめられる.

$$\sum_{n=0}^{\infty} w_a(n) = \exp(-a) \sum_{n=0}^{\infty} \frac{a^n}{n!}$$

$$= \exp(-a) \exp a = 1 \tag{D.13}$$

b : n の平均値と標準偏差

二項分布の結果を用いると，極限では $q=1$ であるから，

$$\langle n \rangle = Np = a \tag{D.14}$$
$$\sigma = \sqrt{(Npq)} = \sqrt{a} \tag{D.15}$$

が得られる．a が大きくなると，ポアソン分布は対称性が増し，平均値 a，標準偏差 $\sqrt{a}$ のガウス分布に近づいていく．

c : 応用

応用として，原子物理や核物理で馴染みの深い，平均の到着率が一定の粒子の数を数える場合に適用してみよう．たとえば，シンチレーションカウンターで，10秒間に届く電子の数を数えることを考える．この分布は，ポアソン分布になる．

詳細を見るために，10秒間をより小さな N 個の間隔に分ける．N は 10^8 程度の非常に大きな数である．a として，10秒間に届く電子の平均の数 5.3 といった値を考えると，個々の小さく分割された間隔に電子が届く確率は

$$p = \frac{a}{N} = 5.3 \times 10^{-8} \tag{D.16}$$

となる．事象 A を個々の時間間隔に電子が届く状態，B を届かない状態とす

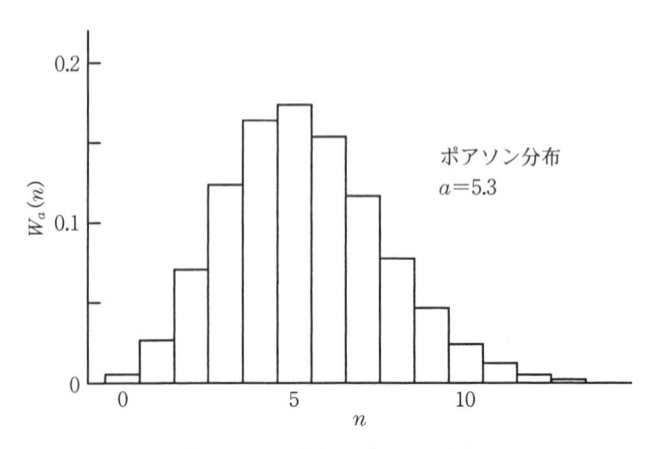

図 D.2 $a=5.3$ のポアソン分布

る（p が小さいので，二つの電子が届く確率は無視できる）．

したがって 10 秒間に電子が届く確率は

$$w_{5.3}(n) = \exp(-5.3) \frac{(5.3)^n}{n!} \tag{D.17}$$

と表され，標準偏差は $\sqrt{5.3}$ である．$a=5.3$ のときのポアソン分布を図 D.2 に示してある．

付録 E：χ^2 分布 —適合度検定—
E.1：はじめに

今，関数 $Y=Y(x)$ を既知とし，n 個の x と y の対の測定結果

$$(x_1, y_1), (x_2, y_2), \cdots, (x_n, y_n) \tag{E.1}$$

が得られたとする．

x の値は正確にわかっているが，y の値は誤差を含んでいる．測定された y の値がどの程度関数 $Y(x)$ に一致するかを考えることにしよう．

n 個の対の測定結果(これを1組の結果とよぶ)が数多くあるとすると，すべての測定値の組において $x_1, x_2, \cdots, x_n$ は等しい．また，すべての組の中の i 番目の測定値対 (x_i, y_i) に注目すると，x_i はすべて等しいが，y_i はばらついている．これからの計算における基本的な仮定として，y_i はガウス分布をなすとする．その分布の平均値は $Y_i=Y(x_i)$ であり，標準偏差は σ_i (既知とする)となる．この状況を図 E.1 に示す．ここで帰無仮説[訳者注]とよばれる仮説から始めよう．すなわち，E.1式で示される1組の測定結果は n 個のガウス分布からランダムに選択された n 個の値と仮定する．

この仮説を証明するために，χ^2 という量を次式で定義する．

$$\chi^2 = \Sigma \left(\frac{y_i - Y_i}{\sigma_i} \right)^2 \tag{E.2}$$

ここで，Σ は $i=1$ から $i=n$ までの総和を意味する．もし，帰無仮説が正しければ，$(y_i-Y_i)/\sigma_i$ はすべての i で1程度であり，χ^2 は n 程度の大きさになる．もし，χ^2 が n よりずっと大きくなれば，帰無仮説が正しい可能性は小さくなる．これらを定量的に記述してみよう．すなわち，帰無仮説が正しいとし

訳者注* 帰無仮説とは，ある仮説が正しいかどうかの判断のための仮説で，否定されることを期待して立てられることから，この名称がある．たとえば，「コインを30回投げたとき，表が20回出たらコインに歪みがないといえるか」という問題を考えた場合に，まず「コインに歪みがない(表がでる回数は15回である)」という仮説(帰無仮説)を立てる．実際には，表が20回出る確率を計算し，有意水準(通常 0.05，E.7節)より小さければこの仮説は否定され，対立する「歪みがある」という仮説(対立仮説という)が証明されることになる(このプロセスを χ^2 検定という)．歪みがある状態は多様であるため，統計的には，歪みがない，という状態を議論の出発点として考えている．今の場合，「E.1式で得られたデータが，ガウス分布に従う」という仮説(帰無仮説)を立てている．

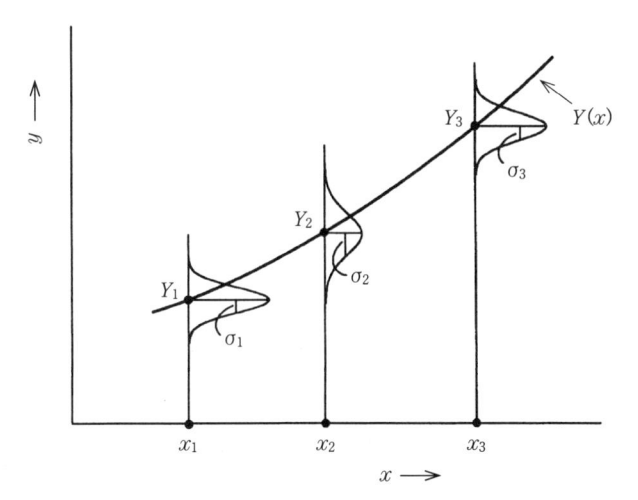

図 E.1　i 個の固定値 x において関数 $Y=Y(x)$ の値を繰り返し測定する．y は，x_i において $Y_i=Y(x_i)$ を中心とし，標準偏差 σ のガウス分布をなすと仮定する．

て，χ^2 の値が E.2 式と同等かそれ以上になる確率を計算する．このとき，n に対する χ^2 分布関数が必要となる．これは，$F_n(\chi^2)$ という関数であり，$F_n(\chi^2)\mathrm{d}(\chi^2)$ は，χ^2 の値が χ^2 と $\chi^2+\mathrm{d}(\chi^2)$ の間にある確率となるように定義される．

E.2：χ^2 分布のばらつき

$F_n(\chi^2)$ の式を導出するために，まず，$f_n(\chi)$ を導くのが便利である．ここで $f_n(\chi)\mathrm{d}\chi$ は χ が χ と $\chi+\mathrm{d}\chi$ にある確率を示す（χ は正とする）．

今，一回だけの測定 (x_1,y_1) を行うことから始める．3.34 式(p.27)から，ガウス分布に対して，y_1 が y_1 と $y_1+\mathrm{d}y_1$ の間にある確率は，

$$f(y_1)\mathrm{d}y_1=\sqrt{\left(\frac{2}{\pi}\right)}\exp\{-(y_1-Y_1)^2/2\sigma_1^2\}\mathrm{d}\left(\frac{y_1}{\sigma_1}\right) \tag{E.3}$$

で表される．

$f(y_1)$ の値は $\pm(y_1-Y_1)$ に対して等しいので，ここでは (y_1-Y_1) の正の値だけを取り，代わりに 3.34 式を 2 倍している．したがって $f(y_1)$ の積分範囲は 0 から ∞ となる．

次に二つの測定 (x_1, y_1), (x_2, y_2) を行うとすると，この二つの測定は互いに独立であるから，y_1 が y_1 と $y_1+\mathrm{d}y_1$ の間にあり，y_2 が y_2 と $y_2+\mathrm{d}y_2$ の間にある確率は，次式のようにそれぞれの確率の積で表される．

$$f(y_1, y_2)\mathrm{d}y_1\,\mathrm{d}y_2 = \frac{2}{\pi}\exp\{-(y_1-Y_1)^2/2\sigma_1^2\}$$
$$\times \exp\{-(y_2-Y_2)^2/2\sigma_2^2\}\mathrm{d}\!\left(\frac{y_1}{\sigma_1}\right)\mathrm{d}\!\left(\frac{y_2}{\sigma_2}\right)$$
$$= \frac{2}{\pi}\exp(-\chi^2/2)\,\mathrm{d}\!\left(\frac{y_1}{\sigma_1}\right)\mathrm{d}\!\left(\frac{y_2}{\sigma_2}\right) \tag{E.4}$$

$$\chi^2 = \left(\frac{y_1-Y_1}{\sigma_1}\right)^2 + \left(\frac{y_2-Y_2}{\sigma_2}\right)^2 \tag{E.5}$$

しかし，今対象とするのはある χ の値を与える特別な組合せではなく，同じ χ の値を与えるすべての組合せ (y_1, y_2) である．今，図 E.2 のような，$(y_1-Y_1)/\sigma_1$ と $(y_2-Y_2)/\sigma_2$ の2次元グラフを考える．χ の値は半径 χ の1/4円周上

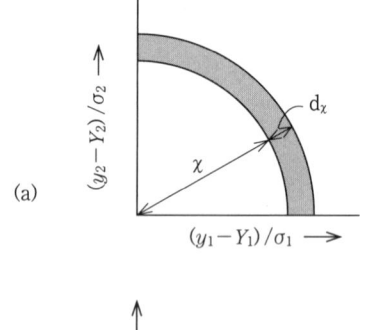

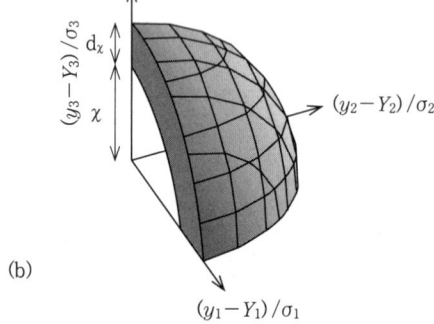

図 E.2 2回測定(a)および3回測定(b)で同一の χ の値を与える領域

で一定となる．ここで1/4円となっているのは，$(y_1-Y_1)/\sigma_1$ と $(y_2-Y_2)/\sigma_2$ の正の組合せを考えているからである．同様に，χ が χ と $\chi+\mathrm{d}\chi$ の間の値を取る確率は，E.4式において，$\mathrm{d}(y_1/\sigma_1)\mathrm{d}(y_2/\sigma_2)$ を $(2\pi\chi/4)\mathrm{d}\chi$ に置き換えればよく，これは，図 E.2(a) で網で囲まれた部分の面積に対応する（$2\pi\chi/4$ は，図で 1/4 円の円周の長さとなる）．こうして，

$$f_2(\chi)\mathrm{d}\chi = \frac{\pi}{2}\chi\frac{2}{\pi}\exp(-\chi^2/2)\mathrm{d}\chi = \chi\exp(-\chi^2/2)\mathrm{d}\chi \tag{E.6}$$

が得られる．

同様な計算を三つの測定に関して行うこともできる．χ^2 は E.2 式から三つの項の和からなる．三つのガウス関数をかけ合わせると，$\exp(-\chi^2/2)$ に比例する係数が得られるが，これに半径 χ と $\chi+\mathrm{d}\chi$ で囲まれる 1/8 球の外殻の体積要素（図 E.2(b)），すなわち $4\pi\chi^2\mathrm{d}\chi/8$ をかける．その結果，

$$f_3(\chi) = \sqrt{\left(\frac{2}{\pi}\right)}\chi^2\exp(-\chi^2/2) \tag{E.7}$$

が得られる．

さて，これで一般の n に対して $f(\chi)$ を考える準備ができた．これまでの方法は任意の n についても成り立つ．つまり，$f_n(\chi)$ は，$\exp(-\chi^2/2)$ と n 次元の χ 空間の体積要素（$\chi^{n-1}\mathrm{d}\chi$ に比例する）を乗ずることにより得られる．こうして，一般の n に対して，χ が χ と $\chi+\mathrm{d}\chi$ の間にある確率は，

$$f_n(\chi)\mathrm{d}\chi = C_n\chi^{n-1}\exp(-\chi^2/2)\mathrm{d}\chi \tag{E.8}$$

となり，C_n は定数で，以下の式を満たす．

$$C_n\int_0^\infty \chi^{n-1}\exp(-\chi^2/2)\mathrm{d}\chi = 1 \tag{E.9}$$

C_n の値は容易に得られる．すでに見てきたように，

$$C_1 = \sqrt{\frac{2}{\pi}}, \quad C_2 = 1, \quad C_3 = \sqrt{\frac{2}{\pi}} \tag{E.10}$$

であり，$n>2$ の場合，C_n は，A.11 式，A.12 式 (p.205) で出てきた積分 I_n（$\sigma=1$ とする）で表される．

$$C_n = \frac{1}{I_{n-1}} \tag{E.11}$$

であるから，

$$C_n=\sqrt{\frac{2}{\pi}}/\{1\cdot 3\cdot 5\cdot \cdots \cdot(n-2)\} \qquad n:3\text{ 以上の奇数}$$

$$C_n=1/\{2\cdot 4\cdot 6\cdot \cdots \cdot(n-2)\} \qquad n:4\text{ 以上の偶数} \qquad (\text{E}.12)$$

となる.これらの式から,任意の n に対して,

$$C_{n+2}=\frac{C_n}{n} \qquad (\text{E}.13)$$

となる.与えられた n に対して,χ^2 の平均値は n に等しくなる.これは次のように簡単に求まる.

$$\langle\chi^2\rangle=C_n\int_0^\infty \chi^{n+1}\exp(-\chi^2/2)\,\mathrm{d}\chi$$

$$=\frac{C_n}{C_{n+2}}C_{n+2}\int_0^\infty \chi^{n+1}\exp(-\chi^2/2)\,\mathrm{d}\chi=\frac{C_n}{C_{n+2}}=n \qquad (\text{E}.14)$$

最後の行では,E.9式,E.13式を用いた.この結果は予想通りである.なぜなら,定義から,$(y_i-Y_i)^2$ の平均値は σ_i^2 であるから,E.2式のそれぞれの項の平均値は1となり,また,項数は n である.

最後に,E.8式の $f_n(\chi)$ の表式から,$F_n(\chi^2)$ を求める.

$$F_n(\chi^2)\,\mathrm{d}\chi^2=f_n(\chi)\,\mathrm{d}\chi, \qquad \mathrm{d}\chi^2=2\chi\mathrm{d}\chi \qquad (\text{E}.15)$$

より,

$$F_n(\chi^2)=\frac{1}{2\chi}f_n(\chi)=\frac{1}{2}C_n(\chi^2)^{\frac{n}{2}-1}\exp(-\chi^2/2) \qquad (\text{E}.16)$$

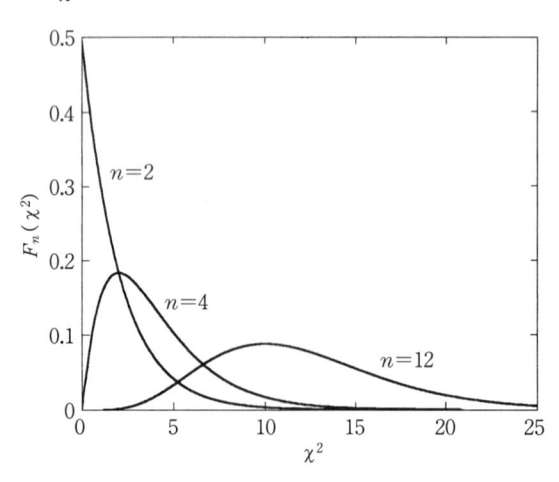

図 E.3 $n=2, 4, 12$ のときの関数 $F_n(\chi^2)$ のグラフ.

関数 $F_n(\chi^2)$ を $n=2, 4, 12$ の場合について，図 E.3 にプロットした．

E.3：関数 $P_n(\chi^2)$

今，一組の測定を行い，χ^2 の値を得たとする．χ^2 がこの測定値以上である確率は，

$$P_n(\chi^2) = \int_{\chi^2}^{\infty} F_n(t) \, dt = \frac{1}{2} C_n \int_{\chi^2}^{\infty} t^{\frac{n}{2}-1} \exp(-t/2) \, dt \tag{E.17}$$

で与えられる．これは，分布関数 $F_n(\chi^2)$ と x 軸とで囲まれた全体の面積に対する図 E.4 の斜線部の面積の割合に等しい．

n が偶数のとき，E.17 式の積分は直接計算ができ，次式となる．

$$P_n(u) = \left(1 + u + \frac{u^2}{2!} + \frac{u^3}{3!} + \cdots + \frac{u^m}{m!}\right) \exp(-u) \tag{E.18}$$

ここで，$u = \frac{\chi^2}{2}$, $m = \frac{n}{2} - 1$

n が奇数ならば，$P_n(\chi^2)$ は数値計算により計算される．図 E.5 に $n=2, 4, 12$ のときの関数 $P_n(\chi^2)$ をプロットした．

E.4：自由度

これまでに，関数 $Y(x)$ を特定するパラメータが，測定値 $(x_1, y_1), (x_2, y_2)$,

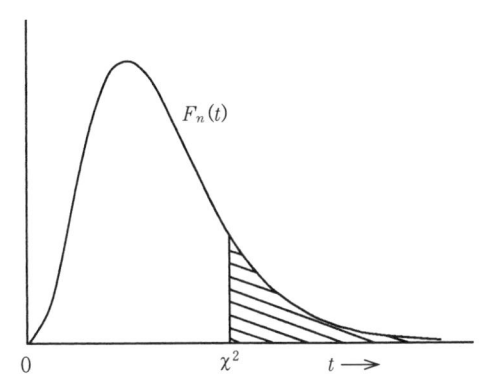

図 E.4 関数 $P_n(\chi^2)$ は χ^2 が測定値よりも大きくなる確率であり，図の斜線部分の関数 $F_n(t)$ が囲む全体部分の面積に対する比で表される．図の関数 $F_n(t)$ は $n=8$ に対応する．

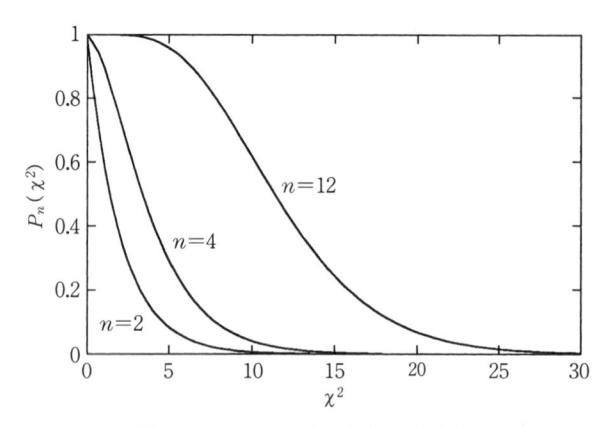

図 E.5　$n=2, 4, 12$ のときの $P_n(\chi^2)$

…, (x_n, y_n) とは独立であると考えた．しかし，パラメータのうちのいくつか，あるいは全部が，測定結果から計算されることがよくある．そうすると，偏差 $y_1 - Y_1$, $y_2 - Y_2$ などは互いに独立ではなくなる．それらの間には一定の関係があり，これらの値は減少する傾向がある．

すでにこの例については述べており，3.14 式 (p. 23) において，s^2 値は，n 回の読み取り値の平均値からの各データの偏差の 2 乗の和となっている．しかし，この n 個の変数は独立ではなく，$\sum d_i = 0$ を満足する．もし，一個を除いたすべての変数が与えられると，この関係式から残りの一個も計算できる．つまり，n 個ではなく $n-1$ 個の独立した変数であるといえる．この理由により，3.4 節 (d) で見てきたように，3.14 式の s^2 値は，平均して分散 σ^2 より小さくなる．つまり，σ^2 を不偏の評価値として，これを $\sum d_i^2$ を n ではなく $n-1$ で割ることで求めたわけである．

同じ議論が n 個の組み合わせ (x_i, y_i) に対する最適直線 $y = mx + c$ を求めるときにも当てはまる．最適直線からの偏差の 2 乗の和を計算する際に，測定値そのものをパラメータ m, c を決定するために用いている．したがって，これらの変数は，次の二つの関係式を満足する (練習問題 4.6)．

$$\sum d_i = 0, \quad \sum x_i d_i = 0 \tag{E.19}$$

この関係式から，n 個の独立変数が $n-2$ 個となる．これにより，σ^2 の推定，つまり真の直線からの測定点の分散を求める際に，最適直線 $y = mx + c$ から

の偏差の 2 乗の和を $n-2$ で割ったのである．(p. 211 C.30 式参照のこと)

一般に，測定値によって決定される関数 $Y(x)$ において n 組の測定データがあり，r 個のパラメータが存在するとき，独立変数の数は，

$$\nu = n - r \tag{E.20}$$

となる．ここで ν は，自由度とよばれ，r は制約数である．この制約数があるので，χ^2 の確率解釈において，E.16 式の n は ν と置き換える必要がある．すなわち，χ^2 は E.2 式にしたがって，すべての n 回の測定値について計算され，χ^2 が χ^2 と $\chi^2 + \mathrm{d}\chi$ に存在する確率は，

$$F_\nu(\chi^2) \mathrm{d}(\chi^2) = \frac{1}{2} C_\nu (\chi^2)^{\frac{\nu}{2}-1} \exp(-\chi^2/2) \mathrm{d}(\chi^2) \tag{E.21}$$

となる．この結果の正式な証明は，統計学の教科書に与えられている．たとえば (Weatherburn, 1961)[†42]．

ν と P の値に対する χ^2 の値が，表 H.2 に示されている．

E.5：適合度検定

ここでは χ^2 分布が適用されるもう一つの重要な例を考えてみよう．この場合，標準偏差 σ_i は Y_i の値とは必ずしも独立に求められるのではなく，Y_i の値そのものから得られるという単純な特徴がある．

N 回の観察を行い，それぞれの観察結果が n 個の分類のどれかに当てはまるとする．i 番目の分類に分けられる観察の度数を y_i とし，前と同様に，この y_i の組合せが，Y_i の値を中心とするガウス分布関数から抽出された可能性を計算したい．以前の状況だと，Y_i 値は関数 $Y(x)$ で与えられ，χ^2 の値は測定結果がどの程度その関数と合っているかを意味した．今回は，関数 $Y(x)$ の代わりに，観察結果が，i 番目に分類される確率 p_i が与えられたとする．Y_i は E.22 式に示すように p_i に依存し，χ^2 の値は y_i が p_i によく合致するかを意味することになる．前の場合，y_i と Y_i は物理量であり，一般に次元をもっていた．また，σ_i も同じ次元を持つので，χ^2 の値は無次元となったことに注意しよう．今回は y_i，Y_i，σ_i は無次元で，y_i は整数である．

一組 N 回の測定を何度も行い，i 番目に分類される y_i 値の分布を見ることにする．これは p. 213 D.1 式で与えられる二項式となるだろう．この式にお

いて，p_i の確率をもつ結果 A は，ある観察が i 番目の分類に入ることを示し，$q_i(=1-p_i)$ の確率をもつ結果 B はそのほかの分類に入ることを示す．D.5 式，D.8 式から，y_i の分布は，

$$平均値： Y_i = Np_i \tag{E.22}$$

$$分散： \sigma_i^2 = Np_iq_i \tag{E.23}$$

となる．もし Np_i が 1 と比べて十分に大きい場合は，付録 D で示したように，標準偏差は平均値に比べて小さくなり，二項分布はガウス分布に近似でき，これは E.1 節での基本的な仮定と一致する．

E.21 式で与えられる分布を満たすような χ^2 の式を得るために，E.2 式と E.23 式より，次式を考えるべきである．

$$\chi^2 = \frac{\sum (y_i - Y_i)^2}{Np_iq_i} \tag{E.24}$$

しかし，これは正しくない．なぜなら N 回のそれぞれの測定セットで，次の制限式があることを無視しているからである．

$$\sum y_i = N \tag{E.25}$$

この関係は，偏差の 2 乗和を減少させる方向に働く．すなわち E.21 式の分布を満たす χ^2 に対する正しい式は，

$$\chi^2 = \sum \frac{(y_i - Y_i)^2}{Np_i} \tag{E.26}$$

となる．この式の正式な証明は参考文献に示されている (Stuart, Ord, 1994)[†43]．ここでは，この結果が正しいことを簡単に示してみよう．

p_i の定義から，次の関係式が成立する．

$$\sum p_i = 1 \tag{E.27}$$

すべての p_i，つまりすべての q_i が等しいとすると，

$$p_i = p = \frac{1}{n}, \quad q_i = q = 1-p \tag{E.28}$$

がすべての i について成立する．E.4 節での議論から，E.25 式で示される制限から，E.24 式で示す χ^2 の式に次の要素を乗ずる必要がある．

$$\frac{n-1}{n} = 1 - \frac{1}{n} = 1 - p = q \tag{E.29}$$

こうして，E.26 式が得られる．

制限式により，自由度が $n-1$ に減ったことに注意しておこう．この数は，確率 p_i を決定するいくつかのパラメータがデータそのものから得られるのであればさらに減少することになる．

E.22 式，E.26 式から次式が得られる．

$$\chi^2 = \sum \frac{(y_i - Y_i)^2}{Y_i} \tag{E.30}$$

通常は，Y_i を E_i（予想値），y_i を O_i（観測値）と表記するので，E.30 式は，

$$\chi^2 = \sum \frac{(O_i - E_i)^2}{E_i} \tag{E.31}$$

と書き直すことができる．

χ^2 検定は，y_i がガウス分布にしたがうことにもとづいているので，Y_i が 1 に比べて十分大きい値をとる必要がある．もしそうでない場合は，近接するデータを集めて 5 以上にする必要がある（詳しくは，表 E.2 を参照のこと）．

E.30 式の結果は，Pearson により最初に導かれ，χ^2 の適合度検定として知られている（Pearson, 1900）[†44]．

E.6：実際例

a：中性子の寿命

E.2 式を用いて，練習問題 4.5（55，241 ページ）で与えられた中性子寿命 τ の 4 つの値に対して χ^2 の値を計算してみよう．ここでは，それらの測定値が標準偏差を考慮に入れて，互いに矛盾がないかを確認する．帰無仮説として，τ の四つの値それぞれは，ガウス分布からランダムに抽出しており，四つの分布の平均値は四つの τ の値の加重平均 $\bar{\tau}$ に等しいとする．各々の分布の標準偏差は，各々の τ の値の標準誤差 $\Delta\tau$ と等しい．この場合，変数 x は単に指数 i となり，

$$\chi^2 = \sum \left(\frac{\tau_i - \bar{\tau}}{\Delta\tau_i} \right)^2 \tag{E.32}$$

となる．

計算の詳細は，表 E.1 に示されている．χ^2 の値は 4.30 となる．和は四つの項目からなる．$\bar{\tau}$ の値は実験値から求められるので，制限の数は $r=1$ となる．したがって自由度は，$\nu = n - r = 3$ となる．表 H.2 から，χ^2 の値が

表 E.1　中性子の寿命測定の χ^2 検定．加重平均 $\bar{\tau}$ は 886.5 秒である．

i	τ/s	$\Delta\tau/s$	$\left(\dfrac{\tau-\bar{\tau}}{\Delta\tau}\right)^2$
1	887.6	3.0	0.13
2	893.5	5.3	1.74
3	888.4	3.3	0.33
4	882.6	2.7	2.09
総和			4.30

4.30, $\nu=3$ に対して，P の値は 0.25 より少し小さい値となる．この値は，1 と比べるとそんなに小さい値ではなく，四つの τ の値は問題なく一致しているといえる．もし P の値が小さければ，一つかそれ以上の τ には，系統誤差が含まれていることになり，加重平均値は意味のある値とはならない．

b：放射能測定の雑音

適合度検定の例として，放射能測定におけるバックグラウンド雑音の測定値に対して χ^2 の値を計算してみよう．この測定は，放射性物質は取り除いた状態で行い，計数値は宇宙線やほかの迷放射線によるものである．10 秒間の計数値 k が記録され，この測定を 400 回行う．χ^2 の計算は手軽に表計算ソフトウェアで行われ，表 E.2 が得られた．測定値のヒストグラムは最初の 2 列に示されている．O は値 k が得られた度数である．もし計数がランダムに生じるとすると，ポアソン分布にしたがうことが予測される（215 ページ）．したがって，この測定結果がどれほどよくポアソン分布にしたがっているかを分析しよう．10 秒間の平均の計数値は，$a=6.38$ である．D.12 式から，k 値が得られる期待度数は，

$$E(k)=N\exp(-a)\frac{a^k}{k!} \tag{E.33}$$

となる．ただし，$N=400$ である．$E(k)$ の計算値を第 3 列目に示している．E の値を 5 以上とするため，$k=0$ と $k=1$ のときの O と E の値は加え合わせている．k が 13 以上 16 以下の場合も同様である．

第 4 列目の $(O-E)^2/E$ の和は 8.18 となり，全部で 13 項となる．N と a の値はすでに $E(k)$ の中に入っているので，制限数は $r=2$ となり，自由度は

表 E.2　10秒間の計測数測定の χ^2 検定.

k	O		E		$(O-E)^2/E$
0	0	2	0.7	5.0	1.80
1	2		4.3		
2	16		13.8		0.35
3	30		29.3		0.01
4	44		46.8		0.17
5	62		59.7		0.09
6	71		63.5		0.88
7	61		57.9		0.17
8	42		46.2		0.38
9	28		32.7		0.68
10	24		20.9		0.47
11	13		12.1		0.07
12	2		6.4		3.06
13	3		3.2		
14	2	5	1.4	5.5	0.05
15	0		0.6		
16	0		0.2		
総和	400		399.9		8.18

$\nu=n-r=11$ となる．表 H.2 から，χ^2 の値が 8.18，$\nu=11$ として，P の値は約 0.7 となり，ポアソン分布はデータのよい近似であって，計数値がランダムに起こる仮説が成立することを示す．実際，この結果に至るには，表 H.2 を参考にするまでもない．もし χ^2 の値が ν とはあまり異ならないのであれば，データは帰無仮説に一致する．

E.7：コメント

1）これまで見たように，$P_\nu(\chi^2)$ の値が 1 に比べて小さい場合は，帰無仮説が棄却される．通常（任意だが），0.05 がその基準となり，帰無仮説は 5％の水準（有意水準）で棄却されたという（5％以下のめったに起こらない事象が起こったことになる）．

2）きわめて高い χ^2 の値のときは，帰無仮説がおそらく成り立たない．しかし，きわめて低い χ^2 の値の場合，ほとんど 1 に近い $P_\nu(\chi^2)$ の値となるが，帰無仮説が正しいとはいえない．$1-P_\nu(\chi^2)$ の値は，χ^2 の値が計算値と同じか

それ以下である確率である．したがって，$P_\nu(\chi^2)$ の値が 1 に近いということは，実験値は関数 $Y(x)$，あるいは確率 p_i には合いそうもないことを意味する．つまり，データあるいは χ^2 の値の計算に間違いがあることを意味する．

前者の場合，実験者が帰無仮説を肯定する結果のみを選んでしまった可能性がある．もし E.2 式が用いられたのであれば，σ_i^2 の予想値が大きすぎたかもしれない．もう一つの可能性として，データが関数 $Y(x)$ によく合っているように見えることがある．これは関数中の多くのパラメータがデータそのものから得られており，制限数を考えないため，推定される自由度があまりにも高くなるからである．

もしこれらの可能性のすべてが排除できても，なお χ^2 の値がいまだ信じられないほど低い場合，データをあなた自身で取ったのならば，次のような手を施してはどうだろうか．つまり，もっと測定を行い，測定回数を増やすことである．

付録 F：SI 単位系

この本で用いられている単位系は，SI単位系として知られ，これは国際単位系(Système International d'Unités)の略である．これは，あらゆる科学技術分野に用いられる包括的で論理的な体系となっている．公式には1960年に，計測標準を取り扱う国際組織である国際計測学会(General Conference of Weights and Measures)によって定められた．その本質的な長所に加えて，一つの体系がすべての状況(実験および理論)をカバーできるという大きな利点がある．

SI単位系についての詳細の説明は National Physical Laboratory(Bell, 1993)[†45]の書籍に示されている．この体系の重要な点は以下の通りである．

1) SIはメートル法である．七つの基礎的な単位(次節参照)からなり，古いc.g.s.単位系のcmがm，gがkgに置き換えられている．

2) 派生する単位は直接基礎単位と関連付けられる．たとえば，加速度の単位は，$1\,m\,s^{-2}$である．力の単位はニュートン(N)で，これは1kgの物体に$1\,m\,s^{-2}$の加速度を与える大きさである．エネルギーの単位はジュール(J)で1Nの力で物体を1m移動させるのに要する仕事に対応する．

補助的な単位を用いるのは推奨されない．こうして圧力の単位，パスカルは，$1\,N\,m^{-2}$となり，気圧(atm)やトール(torr)といった単位は使用しない．また同様にカロリー(cal)も使用せず，エネルギーはすべてジュールとなる(ただし，電子ボルト(eV)は使用を認められている)．

3) 電気の単位は，$4\pi\times10^{-7}\,H\,m^{-1}$を真空中の透磁率$\mu_0$として合理的に得られている．これにより，アンペア(ampere)は電流単位として七つの基礎単位の一つとなっている．ほかの電気の単位は基礎単位から直接導かれ，実際的な単位と同一となる(電気の単位についての明快な議論は参考文献を見よ(Duffin, 1990)[†46])．

表 F.1 SI 基礎単位—名前と記号—

物理量	単位	記号	他の単位との関係
基礎単位			
長さ	メーター	m	
質量	キログラム	kg	
時間	秒	s	
電流	アンペアー	A	
熱力学的温度	ケルビン	K	
物質量	モル	mol	
光度	カンデラ	cd	
組立単位			
力	ニュートン	N	$kg\,m\,s^{-2}$
圧力，応力	パスカル	Pa	$N\,m^{-2}$
エネルギー	ジュール	J	$N\,m$
仕事率	ワット	W	$J\,s^{-1}$
電荷	クーロン	C	$A\,s$
電圧	ボルト	V	$J\,C^{-1}$
電気抵抗	オーム	Ω	$V\,A^{-1}$
電気容量	ファラッド	F	$C\,V^{-1}=s\,\Omega^{-1}$
磁束	ウィーバー	Wb	$V\,s$
磁束密度	テスラ	T	$Wb\,m^{-2}$
インダクタンス	ヘンリー	H	$Wb\,A^{-1}=\Omega\,s$
周波数	ヘルツ	Hz	s^{-1}
セルシウス温度	セルシウス	℃	$t/{}^\circ C = T - 273.15/K$
光束	ルーメン	lm	$cd\,sr$
照度	ルクス	lx	$lm\,m^{-2}$
放射能（放射性核種）	ベクレル	Bq	s^{-1}
吸収放射線量	グレイ	Gy	$J\,kg^{-1}$
平面角	ラジアン	rad	
立体角	ステラジアン	sr	

表 F.2 10進法による位の名前と記号

大きさ	名称	記号	大きさ	名称	記号
10^{-1}	デシ	d	10^{1}	デカ	da
10^{-2}	センチ	c	10^{2}	ヘクト	h
10^{-3}	ミリ	m	10^{3}	キロ	k
10^{-6}	マイクロ	μ	10^{6}	メガ	M
10^{-9}	ナノ	n	10^{9}	ギガ	G
10^{-12}	ピコ	p	10^{12}	テラ	T
10^{-15}	フェムト	f	10^{15}	ペタ	P
10^{-18}	アト	a	10^{18}	エクサ	E
10^{-21}	ゼプト	z	10^{21}	ゼタ	Z
10^{-24}	ヨクト	y	10^{24}	ヨタ	Y

表 F.3 SI基礎単位と cgs 単位の関係

静電単位 (e.s.u.：静電単位, e.m.u.：電磁単位)

1 A＝10^{-1} e.m.u.＝$c/10$ e.s.u.
1 V＝10^{8} e.m.u.＝$10^{8}/c$ e.s.u.
1 Ω＝10^{9} e.m.u.＝$10^{9}/c^{2}$ e.s.u.
1 F＝10^{-9} e.m.u.＝$10^{-9}c^{2}$ e.s.u.
1 H＝10^{9} e.m.u.＝$10^{9}/c^{2}$ e.s.u.
1 T＝10^{4} e.m.u.（ガウス）
1 Wb＝10^{8} e.m.u.（マクスウェル）
1 A m^{-1}＝$4\pi\times10^{-3}$ e.m.u.（エルステッド）
 ($c\approx 3\times10^{10}$)

ほかの単位

長さ	1 パーセク (parsec)＝3.086×10^{16} m	
	1 光年 (light-year)＝9.46×10^{15} m	
	1 ミクロン (micron)＝10^{-6} m	
	1 オングストローム (ångström)＝10^{-10} m	
	1 フェルミ (fermi)＝10^{-15} m	
面積	1 バーン (barn)＝10^{-28} m^{2}	
体積	1 リットル (litre)＝10^{-3} m^{3}	
力	1 ダイン (dyne)＝10^{-5} N	
エネルギー	1 エルグ (erg)＝10^{-7} J	
	1 カロリー (calorie) (IT)＝4.186 8 J	
	1 電子ボルト (electron volt)＝$1.602\ 2\times10^{-19}$ J	
圧力	1 バール (bar)＝10^{5} Pa	
	1 気圧 (atmosphere)＝$1.013\ 25\times10^{5}$ Pa	
	1 トール (torr)＝1 mm of Hg＝133.322 Pa	
粘度		
粘性係数	1 ポアズ (poise)＝10^{-1} Pa s	
動粘性係数	1 ストークス (stokes)＝10^{-4} m^{2} s^{-1}	

SI 基礎単位の定義

メートル：1メートルは光が真空中で(1/299 792 458)秒間に進む距離．

キログラム：1キログラムとは質量の単位であり，国際標準キログラム原器の重さに等しい．

秒：1秒とは，セシウム133の原子の基底状態の二つの超微細準位の間の遷移に対応する放射の周期の9 192 631 770倍の時間．

アンペア：1アンペアとは，真空中に1メートルの間隔で平行に置かれた無限に小さい円形の断面を有する無限に長い2本の直線状導体のそれぞれを流れ，これらの導体の1メートルにつき2×10^{-7}ニュートンの力を及ぼし合う直流の電流．

ケルビン：1ケルビンは水の三重点の熱力学温度(0.01℃に相当)の1/273.16倍．

モル：1モルは，0.012キログラムの炭素12の中に存在する原子の数に等しい数の要素粒子を含む系の物質量である．モルを用いるとき，要素粒子が指定されなければならないが，それは原子，分子，イオン，電子，そのほかの粒子またはこの種の粒子の特定の集合体であってよい．

カンデラ：1カンデラは，周波数540×10^{12}ヘルツの単色放射を放出し，所定の方向におけるその放射強度が$\frac{1}{683}$ワット/ステラジアンである光源の，その方向における光度である．

　上記のメートルの定義は，1983年に新しく定められ，それまでは，クリプトン86の原子からの放射の波長が用いられていた．こうして，現在，光速度は精密に299 792 458 m s^{-1}と定義されている．

(訳者注)　2019年5月20から，新しい国際単位系が施行された．そこではキログラムがプランク定数，アンペアが電気素量，ケルビンがボルツマン定数，モルがアボガドロ数で定義し直されている．各単位は普遍的な基礎物理定数で決定され，国際キログラム原器への依存がなくなった．

付録 G：物理定数表

物理定数	値	精度
原子質量単位	$m_u = 10^{-3}/N_A = 1.6605 \times 10^{-27}$ kg	8×10^{-8}
エネルギー換算	$m_u c^2 = 931.49$ MeV	4×10^{-8}
アボガドロ	$N_A = 6.0221 \times 10^{23}$ mol^{-1}	8×10^{-8}
ボーア磁子	$\mu_B = 9.2740 \times 10^{-24}$ J T^{-1}	4×10^{-8}
ボルツマン定数	$k = 1.3807 \times 10^{-23}$ J K^{-1}	2×10^{-6}
素電荷	$e = 1.6022 \times 10^{-19}$ C	4×10^{-8}
ファラデー定数	$F = N_A e = 9.6485 \times 10^4$ C mol^{-1}	4×10^{-8}
微細構造定数	$\alpha = 7.2974 \times 10^{-3}$	4×10^{-9}
重力定数	$G = 6.673 \times 10^{-11}$ N m^2 kg^{-2}	1.5×10^{-3}
陽子の磁気回転比	$\gamma_p = 2.6752 \times 10^8$ s^{-1} T^{-1}	4×10^{-8}
磁束量子	$\Phi_0 = h/2e = 2.0678 \times 10^{-15}$ Wb	4×10^{-8}
電子の質量	$m_e = 9.1094 \times 10^{-31}$ kg	8×10^{-8}
中性子の質量	$m_n = 1.6749 \times 10^{-27}$ kg	8×10^{-8}
陽子の質量	$m_p = 1.6726 \times 10^{-27}$ kg	8×10^{-8}
気体定数	$R = N_A k = 8.3145$ J K^{-1} mol^{-1}	2×10^{-6}
理想気体のモル体積	$V_m = 22.414 \times 10^{-3}$ m^3 mol^{-1}	2×10^{-6}
核磁子	$\mu_N = 5.0508 \times 10^{-27}$ J T^{-1}	4×10^{-8}
真空の誘電率	$\varepsilon_0 = 1/\mu_0 c^2 = 8.8542 \times 10^{-12}$ F m^{-1}	0
プランク定数	$h = 6.6261 \times 10^{-34}$ J s	8×10^{-8}
	$\hbar = h/2\pi = 1.0546 \times 10^{-34}$ J s	8×10^{-8}
リュードベリ定数	$R_\infty = 1.0974 \times 10^7$ m^{-1}	8×10^{-12}
真空中の光速	$c = 2.9979 \times 10^8$ m s^{-1}	0
ステファン-ボルツマン定数	$\sigma = 5.6704 \times 10^{-8}$ W m^{-2} K^{-4}	7×10^{-6}
重力加速度	$g = (9.7803 + 0.0519 \sin^2\phi - 3.1 \times 10^{-6} H)$ m s^{-2} $\phi = $緯度；$H = $海抜(m)	

g を除く物理定数値は Mohr–Taylor (2000)[†1] による．また，g の式は Kaye–Laby (1995)[†39] p. 193 を参照し，精度は 5×10^{-4} m s^{-2} である．

付録 H：数表

表 H.1 ガウス関数とガウス積分関数値

$$f(z)=\frac{1}{\sqrt{(2\pi)}}\exp(-z^2/2) \qquad \phi(z)=\sqrt{\frac{2}{\pi}}\int_0^z \exp(-t^2/2)\,dt$$

z	$f(z)$	$\phi(z)$	z	$f(z)$	$\phi(z)$
0.0	0.398 9	0.000 0	2.0	0.054 0	0.954 5
0.1	0.397 0	0.079 7	2.1	0.044 0	0.964 3
0.2	0.391 0	0.158 5	2.2	0.035 5	0.972 2
0.3	0.381 4	0.235 8	2.3	0.028 3	0.978 6
0.4	0.368 3	0.310 8	2.4	0.022 4	0.983 6
0.5	0.352 1	0.382 9	2.5	0.017 5	0.987 6
0.6	0.333 2	0.451 5	2.6	0.013 6	0.990 7
0.7	0.312 3	0.516 1	2.7	0.010 4	0.993 1
0.8	0.289 7	0.576 3	2.8	0.007 9	0.994 9
0.9	0.266 1	0.631 9	2.9	0.006 0	0.996 3
1.0	0.242 0	0.682 7	3.0	0.004 4	0.997 30
1.1	0.217 9	0.728 7	3.1	0.003 3	0.998 06
1.2	0.194 2	0.769 9	3.2	0.002 4	0.998 63
1.3	0.171 4	0.806 4	3.3	0.001 7	0.999 03
1.4	0.149 7	0.838 5	3.4	0.001 2	0.999 33
1.5	0.129 5	0.866 4	3.5	0.000 9	0.999 53
1.6	0.110 9	0.890 4	3.6	0.000 6	0.999 68
1.7	0.094 0	0.910 9	3.7	0.000 4	0.999 78
1.8	0.079 0	0.928 1	3.8	0.000 3	0.999 86
1.9	0.065 6	0.942 6	3.9	0.000 2	0.999 90
			4.0	0.000 1	0.999 94

表 H.2 任意の ν と P に対する χ^2 の値
P は，ν を自由度としたときに，χ^2 の値が表データよりも大きい確率を示す．

v	P										
	0.99	0.975	0.95	0.90	0.75	0.50	0.25	0.10	0.05	0.025	0.01
1	0.000 16	0.000 98	0.0039	0.0158	0.102	0.455	1.32	2.71	3.84	5.02	6.64
2	0.0201	0.0506	0.103	0.211	0.575	1.386	2.77	4.61	5.99	7.38	9.21
3	0.115	0.216	0.352	0.584	1.213	2.366	4.11	6.25	7.81	9.35	11.34
4	0.297	0.484	0.711	1.064	1.923	3.357	5.39	7.78	9.49	11.14	13.28
5	0.554	0.831	1.145	1.610	2.675	4.351	6.63	9.24	11.07	12.83	15.09
6	0.87	1.24	1.64	2.20	3.45	5.35	7.84	10.64	12.59	14.45	16.81
7	1.24	1.69	2.17	2.83	4.25	6.35	9.04	12.02	14.07	16.01	18.48
8	1.65	2.18	2.73	3.49	5.07	7.34	10.22	13.36	15.51	17.53	20.09
9	2.09	2.70	3.33	4.17	5.90	8.34	11.39	14.68	16.92	19.02	21.67
10	2.56	3.25	3.94	4.87	6.74	9.34	12.55	15.99	18.31	20.48	23.21
11	3.05	3.82	4.57	5.58	7.58	10.34	13.70	17.28	19.68	21.92	24.72
12	3.57	4.40	5.23	6.30	8.44	11.34	14.85	18.55	21.03	23.34	26.22
13	4.11	5.01	5.89	7.04	9.30	12.34	15.98	19.81	22.36	24.74	27.69
14	4.66	5.63	6.57	7.79	10.17	13.34	17.12	21.06	23.68	26.12	29.14
15	5.23	6.26	7.26	8.55	11.04	14.34	18.25	22.31	25.00	27.49	30.58
16	5.81	6.91	7.96	9.31	11.91	15.34	19.37	23.54	26.30	28.85	32.00
17	6.41	7.56	8.67	10.09	12.79	16.34	20.49	24.77	27.59	30.19	33.41
18	7.01	8.23	9.39	10.86	13.68	17.34	21.60	25.99	28.87	31.53	34.81
19	7.63	8.91	10.12	11.65	14.56	18.34	22.72	27.20	30.14	32.85	36.19
20	8.26	9.59	10.85	12.44	15.45	19.34	23.83	28.41	31.41	34.17	37.57
22	9.54	10.98	12.34	14.04	17.24	21.34	26.04	30.81	33.92	36.78	40.29
24	10.86	12.40	13.85	15.66	19.04	23.34	28.24	33.20	36.42	39.36	42.98
26	12.20	13.84	15.38	17.29	20.84	25.34	30.43	35.56	38.89	41.92	45.64
28	13.56	15.31	16.93	18.94	22.66	27.34	32.62	37.92	41.34	44.46	48.28
30	14.95	16.79	18.49	20.60	23.57	29.34	34.80	40.26	43.77	46.98	50.89

問 題 解 答

3.1　平均値：$9.803\ \mathrm{m\ s^{-2}}$, $d(10^{-2}\ \mathrm{m\ s^{-2}})=1,\ -1,\ 4,\ 1,\ -5,\ -1,\ 3$, $\sum d_i^2 = 54$. $\sigma = 0.030\ \mathrm{m\ s^{-2}}$, $\sigma_\mathrm{m} = 0.030/\sqrt{7} = 0.011\ \mathrm{m\ s^{-2}}$. より, $g = 9.803 \pm 0.011\ \mathrm{m\ s^{-2}}$

　　手もちのプログラム電卓が σ, σ_m, s(3.14式)のどの量を与えるか, 各自確認しておくとよい.

3.2　単位$(10^{11}\ \mathrm{Nm^{-2}})$

　　　　ニュートンリング：　　$E = 1.98 \pm 0.08\,(\sigma = 0.25)$
　　　　ダイアル指示計：　　　$E = 2.047 \pm 0.009\,(\sigma = 0.028)$

　　両者の平均値の差は, ニュートンリングの標準誤差の値より少し小さい. したがって, この結果から, 二つの実験方法の間に系統誤差があるかどうかはいえない.

3.3　(a) 0.002 66　(b) 0.001 61　(c) 0.000 36　(d) 0.683　(e) 0.954
　　(f) 0.997

　　x と $x+dx$ の間にある $f(z)$ は $f(z)dz$ で, 付録Hの表にまとめられている. ここで, $z = x/\sigma$. (a)〜(c)は, $dz = 0.1/15.0$ だから, たとえば(a)では, $0.399/150 = 0.002\,66$. (d), (e), (f)は $\phi(z)$, $z = 1, 2, 3$ により得られる.

3.4　$\mu = (-1 \times 0.9) + (9 \times 0.1) = 0$, $\sigma^2 = [(-1)^2 \times 0.9] + [9^2 \times 0.1] = 9$

標本	確率		平均値
$-1, -1, -1$	$(0.9)^3$	$=0.729$	-1
$-1, -1,\ \ 9$	$(0.9)^2 \times (0.1) \times 3$	$=0.243$	$7/3$
$-1,\ \ 9,\ \ 9$	$(0.9) \times (0.1)^2 \times 3$	$=0.027$	$17/3$
$\ \ 9,\ \ 9,\ \ 9$	$(0.1)^3$	$=0.001$	9

したがって, 三つの値の平均値の分布に対し,

平均 $\mu_m = (-1 \times 0.729) + (7/3 \times 0.243) + (17/3 \times 0.027) + (9 \times 0.001)$
　　　　$= 0$
$\sigma_m{}^2 = [(-1)^2 \times 0.729] + [(7/3)^2 \times 0.243] + [(17/3)^2 \times 0.027]$
　　　　$+ [9^2 \times 0.001] = 3$
よって，$\sigma_m = \sigma/\sqrt{3}$ が成り立っている．

4.1　以下の解答において，$g(A)$ は A の標準誤差を％で表したものである．
$$g(A) = 100\Delta A/A$$

(a) $g(A) = 4$,　　$g(A^2) = 8$
　　$Z = 625$,　　$\Delta Z = 625 \times 8/100 = 50$
　　$\underline{Z = 625 \pm 50}$

(b) $2B = 90 \pm 4$,　　$\Delta Z = (3^2 + 4^2)^{\frac{1}{2}} = 5$
　　$\underline{Z = 10 \pm 5}$

(c) $g(C) = 1$,　　$g(C^2) = 2$,　　$C^2 = 2\,500 \pm 50$
　　$g(D) = 8$,　　$g(D^{\frac{3}{2}}) = 12$,　　$D^{\frac{3}{2}} = 1\,000 \pm 120$

ここで $E = C^2 + D^{\frac{3}{2}} = 3\,500$ とおくと，
　　$\Delta E = (50^2 + 120^2)^{\frac{1}{2}} = 130$,　　$g(E) = 3.7$
また，$g(A) = 3$,　　$g(B) = 5$
したがって $g(Z) = (3^2 + 5^2 + 3.7^2)^{\frac{1}{2}} = 6.9$ より
　　$\Delta Z = g(Z) \times Z/100 = 24$
　　$\underline{Z = 350 \pm 24}$

(d) $\dfrac{\Delta(\ln B)}{\ln B} = \dfrac{\Delta B/B}{\ln B} = \dfrac{0.02}{4.61} = \dfrac{0.43}{100}$
　　$g(Z) = (0.6^2 + 0.43^2)^{\frac{1}{2}} = 0.74$
　　$\underline{Z = 46.1 \pm 0.3}$

(e) $g(A) = 4$,　　$g\left(\dfrac{1}{A}\right) = 4$
　　$\dfrac{1}{A} = 0.020\,0 \pm 0.000\,8$
　　$\underline{Z = 0.980\,0 \pm 0.000\,8}$

4.2 (a) l_x, l_y, l_z の測定値はそれぞれ独立である．表 4.1(ii) から，体積の標準誤差は，

$$\frac{\sqrt{3}}{100} \approx 0.02\,\%$$

(b) 測定値は独立ではない．温度の上昇は，三つの長さすべてを同じ量だけ増加させる．これは，4.9 式で，$n=3$ としたものである．体積の標準誤差は，0.03 % となる．長さの測定値のばらつきは，装置の誤差，温度の誤差によるもので，それらの影響を考慮しなくてはならない．

4.3 傾きの標準誤差は，単位を $\mu\mathrm{m\,kg^{-1}}$ として，最小 2 乗法では，-349.2 ± 1.9，簡略法では，-350.1 ± 2.0 となる．最小 2 乗法の計算においては，x の値を $4W$ (kg) とすると，$\bar{x}$ と $(x_i-\bar{x})$ の値がすべて簡単な整数になるので計算が容易になる．

4.4 傾きの値と標準誤差は，

方法	傾き/mV K^{-1}
最小 2 乗法	
V の誤差のみ	2.551 ± 0.041
T の誤差のみ	2.556 ± 0.041
簡略法	2.542 ± 0.053

比較のため，小数 3 桁を示してあるが，通常なら 2 桁である．まず，二つの最小 2 乗法による結果は非常に近い．実際には，V，T の両方の読み取りに誤差があるであろうが，そのことを考慮する計算は両者の相対的な誤差の情報が必要になる．両変数に誤差がある場合の最良直線の傾きは，常に，どちらか一方に誤差がある場合の二つの値の間になる．これら二つの値はたいてい非常に近いので，通常は，どちらか一方に誤差があると仮定して計算を行う．

4.5 $w=10/(\Delta\tau)^2$ として，τ に重みを付け計算する．

$$\bar{\tau} = \frac{\sum w\tau}{\sum w} = \frac{3331}{3.76} = 886.5 \text{ s}$$

$\bar{\tau}$ の標準誤差を計算する際,重み 1.11 は標準誤差 3.0 s にあたる.したがって,$\bar{\tau}$ の重みは 3.76 で,標準誤差は

$$\left[\frac{1.11}{3.76}\right]^{\frac{1}{2}} \times 3.0 = 1.6 \text{ s より}, \quad \bar{\tau} = 886.5 \pm 1.6 \text{ s}$$

4.6 4.30 式より $\quad d_i = y_i - mx_i - c$

よって,$\quad \sum d_i = \sum y_i - m\sum x_i - nc = 0 \quad$ (4.26 式より)

d_i の式を x_i 倍し i について和を取ると,

$\sum x_i d_i = \sum x_i y_i - m\sum x_i^2 - c\sum x_i = 0 \quad$ (4.25 式より)

4.26 式は $\partial S/\partial c = 0$ から導かれる.$y = mx + c$ の定数 c が存在するので $\sum d_i = 0$ であり,原点を通る $y = mx$ では,$\sum d_i = 0$ は成り立たない.しかし,$\sum x_i d_i = 0$ は両者で成り立つ.

4.7 x_i については誤差はない.したがって,$m_i = y_i/x_i$ の誤差は,$\Delta m_i = \Delta y_i/x_i$.誤差 Δy_i はすべての点で等しい.したがって,$\Delta m_i \propto 1/x_i$ は,$w_i \propto x_i^2$.よって,y_i/x_i の重み付けした平均は

$$\frac{\sum x_i^2 \frac{y_i}{x_i}}{\sum x_i^2} = \frac{\sum x_i y_i}{\sum x_i^2}$$

5.1 (a) $\quad \rho = \dfrac{M}{abc}$

ρ の個々の量による相対誤差というのは,それぞれの量の相対誤差に等しい.b の相対誤差 10 % というのはほかの誤差より非常に大きく,ρ の誤差も,10 % となる.

(b) $\quad a^2 = 6400 \pm 160 \text{ mm}^2$

$\qquad b^2 = 100 \pm 20 \text{ mm}^2$

a^2 の誤差は b^2 の誤差に比べて大きく $a^2 + b^2$ の誤差は 2.5 % となる.M の誤差は無視できて,I の誤差は 2.5 % となり,a の誤差によって決まる.

5.2 ϕ/C の誤差は 3 %．また r の誤差は 2 % だから r^4 の誤差は 8 %．l の誤差は無視できる．n の誤差は $(3^2+8^2)^{\frac{1}{2}}=8.5$ %．したがって，
$$n=(8.0\pm0.7)\times10^{10}\text{ N m}^{-2}$$
高い次数になる量は相対的に正しく測定しなくてはならないことがわかる．

5.3 値を代入すると
$$A=\frac{T_1^2+T_2^2}{H}=8.0263\text{ s}^2\text{ m}^{-1}$$
$$B=\frac{T_1^2-T_2^2}{h_1-h_2}=0.0199\text{ s}^2\text{ m}^{-1}$$
$$Z=\frac{8\pi^2}{g}=A+B=8.0462\text{ s}^2\text{ m}^{-1}$$
A は B よりかなり大きいが，T_1 の誤差は B から影響を受けている点に注意．後者は，T_1 の誤差により $(h_1+h_2)/2h_1=\frac{5}{7}$ として影響する．h_1 と h_2 の誤差は無視できる．T_1, T_2, H の誤差による Z の誤差は，$7, 3, 3\times10^{-4}$ s² m⁻¹ で，合わせて 8×10^{-4} s² m⁻¹ の誤差となり，最終的に
$$g=9.8129\pm0.0010\text{ m s}^{-2}$$
となる．

5.4 μ を (ⅰ) A, D, (ⅱ) $A+\Delta A$, D, (ⅲ) A, $D+\Delta D$ の 3 組の値に対して計算する．$(A+D)/2$ と $A/2$ の sin の値から，それらは，

$$\frac{0.7435}{0.5023} \quad \frac{0.7445}{0.5035} \quad \frac{0.7455}{0.5023}$$

となる．これらの値により，$\Delta\mu_A=0.002$, $\Delta\mu_D=0.004$, よって，
$$\mu=1.480\pm0.004$$

5.5 $\mu x=\ln I_0-\ln I=0.7829$．誤差を求める簡単な方法は，直接代入するもので，
$$\ln(I_0+\Delta I_0)-\ln I_0=0.006$$
$$\ln(I+\Delta I)-\ln I=0.011$$

結合誤差は，0.012 となるから，$x=10$ mm で Δx を無視して，
$$\mu x = 0.783 \pm 0.012$$
よって，
$$\mu = 78.3 \pm 1.2 \text{ m}^{-1}$$
一方，公式な方法(4.1 節 b)では，
$$(\Delta \mu)^2 = \frac{1}{x^2}\left[\left(\frac{\Delta I}{I}\right)^2 + \left(\frac{\Delta I_0}{I_0}\right)^2\right] + \left(\frac{\mu \Delta x}{x}\right)^2$$
同様に，Δx を無視して計算すればよい．ただ，最初の項の計算をきちんとやることが必要で，簡単な方法の方が間違いを犯す可能性が少ない．

5.6 練習問題 5.5 同様，二つの方法で求められる．n, d は固定値で，$\lambda \propto \sin\theta$．$\theta$, $\theta+\Delta\theta$ での $\sin\theta$ の値は，0.1959, 0.1985 であり，$\Delta\lambda/\lambda = 1.3$ % となる．$E \propto (\text{運動量})^2 \propto 1/\lambda^2$, $\Delta E/E = 2\Delta\lambda/\lambda = \underline{2.6\%}$．

また，$\Delta E/E = 2\cot\theta\,\Delta\theta$ だから，
$$\Delta\theta = \frac{9}{60} \times \frac{\pi}{180} \text{ rad}$$

5.7 $L \propto \dfrac{f^2}{E}$

f と E の変化を r_f, r_E とすると，L の変化は $r_L = 2r_f - r_E$．温度変化は 10 K だから，
$$\alpha = r_L/10$$
$$= (-0.500 + 0.520) \times 10^{-2} \times 10^{-1}$$
$$= \underline{20 \times 10^{-6}}$$

$2r_f$ の誤差は 4×10^{-5}，r_E の誤差は 3×10^{-5}．したがって，r_L の誤差と α の誤差は，それぞれ，5×10^{-5}, $\underline{5 \times 10^{-6}}$ となる．r_f, r_E は 1/100 よりよい精度で測定されているが，α は 1/4 程度でしかなく，これは，p. 64 の例 2 のように，よくない例といえる．

6.1 (a) フラッシュ閃光の時間間隔を T_0 とすると，

$$T_0 = \frac{1}{f_0}$$

となる．今 f の値が mf_0 より少しだけ大きいとすると，このフラッシュ間隔において，物体は m 回転し，さらに一回転以内の δ だけずれた位置となる．実際の物体の回転数は，

$$f = \frac{m+\delta}{T_0} = (m+\delta)f_0$$

であるが，みかけ上，

$$f_{\text{app}} = \frac{\delta}{T_0} = \delta f_0 = f - mf_0$$

で回転しているように見える．このみかけの回転の方向は，実際の回転している方向と同じである．もし，逆に f が mf_0 より少しだけ小さいとすると，δ は負となり，f_{app} も負となる．その結果，みかけ上，物体は実際の回転の向きと逆に回転しているように観察される．

f が mf_0 と同一であれば，物体は動いていないように見える．電源電圧の正弦波的変化に同期して，蛍光灯の光は，電球に比べてはるかに変調されている．したがって，高速度で回転する機械が設置されている工場で蛍光灯を照明に用いるのは危険である．

(b) $\quad f = mf_0 + f_{\text{app}}$

$\quad mf_0 = 500.00 \pm 0.05$ Hz

$\quad f_{\text{app}} = 0.40 \pm 0.05$ Hz

であり，表 4.1 の誤差の合成（転移）を考慮して，

$\quad f = 500.40 \pm 0.07$ Hz

［コメント］ ストロボスコープは，うなり周波数測定と同様に，5.3 節のケース I の一例である．つまり，一方が正確にその値が知られている，きわめて近接した二つの物理量間の差を測定する．ほかの例としては，質量分析における二重法 (doublet method) がある．これは，ほとんど同質量である二種のイオン，たとえば，重水素原子と水素分子間の質量を測定する．先と同様に，一方の質量の値はきわめて精密に知られている．詳しくは，文献 Squires 1998[†47] を参照．

6.2　20回のスイングに要する時間が，$t=40.8\pm0.2$ s であるので，

$$T=2.04\pm0.01\text{ s} \tag{1}$$

この T の値を用いると，$t=162.9$ s はおおよそ，$N_1=80$ スイングとなる．たとえば，$N_1=79,\ 80,\ 81$ の場合を考えてみよう．

$N_1=79$ のとき，　$T=2.0620\pm0.0025$ s
$N_1=80$ のとき，　$T=2.0363\pm0.0025$ s
$N_1=81$ のとき，　$T=2.0111\pm0.0025$ s

この中で，二番目の

$$T=2.0363\pm0.0025\text{ s} \tag{2}$$

のみが(1)式と矛盾しない．したがって，$N_1=80$ となり，T の値がもう少し精密になっており，これを用いて次の測定を考える．

　$t=653.6$ s はおおよそ 320 スイングに一致する．この近辺の値を N_2 と考えてみる．

$N_2=319$ のとき，　$T=2.0489\pm0.0006$ s
$N_2=320$ のとき，　$T=2.0425\pm0.0006$ s
$N_2=321$ のとき，　$T=2.0361\pm0.0006$ s
$N_2=322$ のとき，　$T=2.0298\pm0.0006$ s

$T=2.0361\pm0.0006$ s のみが，(2)式と矛盾せず，この値が T となる．

[コメント]　この方法の原理は，おのおのの測定により T が定まり，これを用いて，次の測定に対してそのスイング数を決定し，これにより T のさらなる正確な値がわかることである．最初の測定だけはスイング数を数える必要がある．連続した測定におけるスイング数の設定であるが，今の場合は4倍となっており，Δt の値に依存する．もし，Δt の値が大きければ，この倍率を小さくしなければ整数であるスイング数を確実に決定することはできない．

6.3 解答例

タイプ	計測温度範囲	精度	特徴・用途	費用
ガラス(水銀)温度計	$-38 \sim 360$ ℃	± 0.01 ℃	接触式・体温計	安価
熱電対	$0 \sim 1\,000$ ℃ (K型)	± 0.1 ℃	接触式・広い温度範囲	安価
	$200 \sim 1\,400$ ℃ (R型)		小さな測定物	
白金抵抗温度計	$-180 \sim 600$ ℃	± 0.001 ℃	接触式・高精度温度測定	普通
サーミスタ	$-200 \sim 800$ ℃	$\pm 1/10\,000$ ℃	接触式・小型・電子体温計,冷蔵庫,エアコン制御	普通
圧力式温度計	$-40 \sim 300$ ℃	± 1 ℃	接触式・熱管理工業一般,温度測定用	普通
放射温度計	$-50 \sim 3\,000$ ℃	± 20 ℃	非接触式・リモートセンシング	高価

6.4 たとえば,磁気センサーとして以下のものを調べてみよ.

- コイル
- ホール素子
- 磁気抵抗効果素子(MR：AMR, GMR, TMR など)
- 磁気インピーダンス素子 (MI 素子)
- ウィーガンド・ワイヤ
- フラックス・ゲートセンサ
- ファラデー素子 (磁気光学素子)
- プロトン磁力計 (磁気共鳴型磁気センサ)
- 電気力学的磁気センサ (荷電粒子線)
- 超伝導量子干渉素子 (SQUID)

6.5 解答例

(a) 原子は原子核と電子からなっており,その大きさは数 Å (10^{-10} m, 0.1 nm)程度である.

(b) 原子核は,陽子と中性子からなり,その大きさは 1 fm (10^{-15} m)程度である.

6.6 解答例

(a) X線回折,粒子線(電子,イオン)回折,表面では走査プローブ顕微鏡など

(b) X線吸収スペクトル

(c) GPS など

(d) 三角法.現在ではアポロが置いた鏡(月面に6台設置.月レーザー反射鏡(LRRR)という)を利用して,光の走る時間から測定.

(e) 三角法(年周視差を用いる).100光年まで.

(f) 星の明るさ(絶対光度)から.「光のエネルギーは距離の2乗に反比例して弱くなる」

6.7 解答例

(a) バネ式重さ計

(b) 精密天秤

(c) 質量分析計

(d) 核融合など

(e) ねじり秤を用いた重力加速度の絶対測定から

6.8 解答例

(a) 断熱消磁により常磁性塩の温度が $0.001\,\mathrm{K}$ となる.白金NMR温度計

(b) プラズマ電子温度が $50\,000\,\mathrm{K}$.プローブ測定法.または相対強度法(波長の異なる,複数の放射光の間の放射強度の比を用いて温度を求める)

(c) 宇宙の温度は $3\,\mathrm{K}$ である.電磁波(宇宙の背景輻射)強度の波長(振動数)分布から求める.

7.1 角周波数 $\omega = 2\pi f$ の正弦波電圧に対する,電気容量 C のインピーダンスは,$1/\mathrm{j}\omega C$ (j は虚数単位)となるので,

$$\frac{V_C}{V_Q} = \frac{1/j\omega C}{(1/j\omega C)+R} = \frac{1}{1+j\omega CR}$$

この大きさの2乗は，

$$\left|\frac{V_C}{V_Q}\right|^2 = \frac{1}{(1+j\omega CR)(1-j\omega CR)} = \frac{1}{1+\omega^2 C^2 R^2}$$

から結果が得られる．

7.2 　　$\Delta V_z = (dV_z/dI_z)\Delta I_z$ より

$\Delta V_z = 3 \times 1[\mathrm{mA}] \times 0.02 = 6 \times 10^{-5}$ V

したがって，$\Delta V_z/V_z = 10^{-5}$

7.3 地球の表面より上空では，g の値は $1/R^2$（R は地球の中心からの距離）に比例する．したがって 4.9 式から，

$$\frac{\Delta g}{g} = 2\frac{\Delta h}{R_E}$$

　　　　　（R_E は地球の半径，地球の中心と地表との距離で 6 400 km）

したがって，$\Delta h = \frac{1}{2} \times 6.4 \times 10^6 \times 10^{-8} = 32$ mm

12.1 （a） 60 W，銅の 0 °C での熱伝導率（λ）は 385 Wm^{-1} K^{-1} である．つまり，$q = -\lambda \mathrm{grad}(T)$ で，$\mathrm{grad}(T) = 25/0.2$，断面積は，$\pi(0.02)^2$ を代入する．棒に沿った方向の熱損失は考えていない．

（b） 鋼の線膨張係数は，$10 \sim 11 \times 10^{-6}$ である．10 °C の差は，10^{-4}，すなわち 0.010 % となる．

（c） 0 °C での銅の抵抗は，1.56×10^{-8} Ω m で温度 1 °C に対して 0.4 % 増加する（20 °C では 8 %）．したがって，（i）0.019 9 Ω，（ii）0.001 7 Ω 増加

（d） 4.1 mV（覚えておく）

（e） 20 °C での水の粘性は，1.00×10^{-3} N s m^{-2}，50 °C では 0.55×10^{-3} N s m^{-2}

したがって，（i）0.25 m s^{-1}，（ii）0.45 m s^{-1}

(f) 鋼のヤング率は，2.1×10^{11} N m^{-2} なので，13 kN

(g) 0 °C，空気中での音速は，331 m s^{-1} であり，1.29 m

(h) $\frac{1}{2}mv^2=\frac{3}{2}kT$（$m$：水素分子の質量，$2\times 1.67\times 10^{-27}$ kg，k：ボルツマン定数，1.38×10^{-23} J K^{-1}）より，1.9 km s^{-1} を得る．

(i) $g=\dfrac{GM}{R_E^2}$（M：地球の質量，R_E：地球の半径）の関係式を用いる．ここで，地球の平均の密度は 5500 kg m^{-3}，半径は 6400 km，g は 9.81 m s^{-2} である．これらから，万有引力定数 $G=6.7\times 10^{-11}$ Nm^2 kg^{-2}

(j) 赤，緑，紫の波長は，700 nm，550 nm，400 nm である．これから，(i) 710 本/mm（ ii) 23.1°（iii) 16.6°

(k) ステファンボルツマン定数（黒体の表面から，単位面積，単位時間あたりに放出される電磁波のエネルギー I とその黒体の絶対温度 T との間に成り立つ，$I=\sigma T^4$ 式中の σ）が，$\sigma=5.67\times 10^{-8}$ Wm^{-2} K^{-4} であるから，18 W を得る．

(l) (i) 1.9×10^7 m s^{-1} （ ii) 39 pm

ここで，電子の質量 m_e：9.1×10^{-31} kg，電子の電荷 e：1.6×10^{-19} C，プランク定数 h：6.6×10^{-34} Js を用いる．波長 $\lambda=h/mv$ から求まる．

(m) プロトンの質量は，1.67×10^{-27} kg であり，ローレンツ力と遠心力が釣合うことから，0.29 T を得る．

(n) 水素原子の線スペクトルに対する関係式中のリュードベリ定数 $R=1.10\times 10^7$ m^{-1} の逆数に対応するので，91 nm

(o) 質量数 1 の粒子の 1 個の重さ(kg)は，$10^{-3}/N_A$（N_A：アボガドロ数）となり，光速は 3.0×10^8 m s^{-1} を用いて，$E=mc^2$ より，931 MeV を得る．

12.2　(a) δ が 1 に比べて十分小さいとき，

$(1+\delta_1)(1+\delta_2)(1+\delta_3)\approx 1+\delta_1+\delta_2+\delta_3$

が成り立つ．これを用いて，

$1+0.00025+0.00041-0.00013=\underline{1.00053}$

(b) δ が 1 に比べて十分小さいとき，$\dfrac{1}{(1+\delta)^2} \approx 1-2\delta$ となる．したがって，δ はおおよそ 9/72 000 なので，912.64 から 2δ，つまり 18/72 000，1/4 000 すなわち 0.23 を引いて，912.41 となる．

(c) $(9.100)^{\frac{1}{2}} = 3 \times \left(1 + \dfrac{1}{90}\right)^{\frac{1}{2}}$
$\approx 3 \times \left(1 + \dfrac{1}{180}\right)$
$= \underline{3.017}$

参 考 図 書

実験技術・方法
T. A. Delchar, "Vacuum Physics and Techniques", Chapman & Hall (1993).
M. H. Hablanian, "High-Vacuum Technology : A Practical Guide", 2 nd ed., Marcel Dekker (1997).

電子回路・装置
G. F. Franklin, J. D. Powell, A. Emami-Naeini, "Feedback Control of Dynamic Systems", 3 rd ed., Addison Wesley (1994).
P. Horowitz, W. Hill, "The Art of Electronics", 2 nd ed., Cambridge University Press (1989).
B. G. Streetman, S. Banerjee, "Solid-State Electronic Devices", 5 th ed., Prentice-Hall (2000).
Y. Taur, T. H. Ning, "Fundamentals of Modern VLSI Devices", Cambridge University Press (1998).
P. Y. Yu, M. Cardona, "Fundamentals of Semiconductors : Physics and Materials Properties", Springer (1996).

数学・数表
M. Abramowitz, I. A. Stegun, "Handbook of Mathematical Functions", National Bureau of Standards (1964); reprinted by Dover Publications (1970).
D. V. Lindley, W. F. Scott, "New Cambridge Statistical Tables", 2 nd ed., Cambridge University Press (1995).
W. H. Press, B. P. Flannery, S. A. Teukolsky, W. T. Vetterling, "Numerical Recipes : The Art of Scientific Computing", Cambridge University Press (1990～1997). 本書はシリーズ本であり，多くの数式や関数の計算を行うためのいくつかの言語を用いたプログラムが掲載されている．いくつかの本には CD-ROM やディスケットが付属している．
K. F. Riley, M. P. Hobson, S. J. Bence, "Mathematical Methods for Physics and Engineering", Cambridge University Press (1997).

科学論文作成
W. C. Dampier, M. Dampier, "Editors, Readings in the Literature of Science", Cambridge University Press (1924); reprinted by Harper & Brothers (1959).
R. W. Burchfield, "The New Fowler's Modern English Usage", Oxford University Press (1996).
A. Quiller-Couch, "The Art of Writing", Cambridge University Press (1916).
The council of Biology Editors, "Scientific Style and Format : The CBE Manual for Authors, Editors, and Publishers", 6 th ed., Cambridge University Press (1994).

そのほかの参考図書

日本化学会編,"第5版 実験化学講座(全31巻)",丸善.
日本生物物理学会編,"生物物理から見た生命像(4巻:2005年12月現在)",吉岡書店.
丸善「実験物理学講座」編集委員会編,"丸善 実験物理学講座(全12巻)",丸善.
川畑有郷,斯波弘行,鹿児島誠一編,"朝倉物性物理シリーズ(全5巻:2005年12月現在)",朝倉書店.
重川秀実,吉村雅満,坂田 亮,河津 璋,"実戦ナノテクノロジー 走査プローブ顕微鏡と局所分光",裳華房(2005).
N. C. Barford 著,酒井英行訳,"実験精度と誤差 測定の確からしさとは何か",丸善(1997).
霜田光一,"歴史をかえた物理実験(パリティブックス)",丸善(1996).
小野義正,"ポイントで学ぶ科学英語論文の書き方",丸善(2001).
宮野健次郎,"伝えるための理工系英語―適切な表現への手引き―",サイエンス社(2003).
Judy Noguchi, 松浦克美,"Judy 先生の英語科学論文の書き方 KS理工学専門書",講談社(2000).
Robert A. Day 著,美宅成樹訳,"はじめての科学英語論文",第2版,丸善(2001).
Glenn Paquette 著,理論物理学刊行会,"科学論文の英語用法百科〈第1編〉よく誤用される単語と表現",京都大学学術出版会(2004).
R. McCrum, R. Macneil, W. Cran, R. MacNeil, "The Story of English", 3 rd ed., Penguin (2003).

参 考 文 献

1) P. J. Mohr, B. N. Taylor, *Rev. Mod. Phys.*, **72**, 351(2000).
2) E. Whittaker, G. Robinson, "The Calculus of Observations", 4 th ed., Blackie & Son (1944).
3) P. G. Guest, "Numerical Methods of Curve Fitting", Cambridge University Press (1961).
4) C. Kittel, "Introduction to Solid State Physics", 7 th ed., Wiley(1996).
5) P. H. Sydenham, "Transducers in Measurement and Control", 3 rd ed., Adam Hilger (1985).
6) J. M. Pasachoff, H. Spinrad, P. S. Osmer, E. Cheng, "The Farthest Things in the Universe", Cambridge University Press(1994).
7) P. Horowitz, W. Hill, "The Art of Electronics", 2 nd ed., Cambridge University Press (1989).
8) M. W. Zemansky, R. H. Dittman, "Heat and Thermodynamics",7 th ed., McGraw–Hill (1997).
9) E. Kappler, *Ann. d. Physik*, 5, **31**, 377(1938).
10) R. H. Fowler, "Statistical Mechanics",2 nd ed.,Cambridge University Press(1936).
11) F. N. H. Robinson, "Noise and Fluctuations in Electronic Devices and Circuits", Clarendon Press(1974).
12) G. J. Milburn, H. B. Sun, *Contemporary Physics*, **39**, 67(1998).
13) R. G. Wilson, "Fourier Series and Optical Transform Techniques in Contemporary Optics", Wiley(1995).
14) R. W. Ditchburn, "Light", Blackie & Son(1952) ; reprinted by Dover Publications (1991).
15) R. H. Friend, N. Bett, *J. Phys. E*, **13**, 294(1980).
16) B. W. Petley, "The Fundamental Physical Constants and the Frontier of Measurement", Adam Hilger(1985).
17) A. H. Cook, *Contemporary Physics*, 8, 251(1967).
18) M. A. Zumberge, R. L. Rinker, J. E. Faller, *Metrologia*, **18**, 145(1982).
19) A. H. Cook, "Physics of the Earth and Planets", Macmillan(1973).
20) T. M. Niebauer, *et al.*, *Metrologia*, **32**, 159(1995).
21) I. Marson, *et al.*, *Metrologia*, **32**, 137(1995).
22) A. Peters, K. Y. Chung, S. Chu, *Nature*, **400**, 849(1999).
23) C. N. Cohen-Tannoudji, *Rev. Mod. Phys.*, **70**, 707(1998).
24) T. Jones, "Splitting the Second", Institute of Physics(2000).
25) F. G. Major, "The Quantum Beat", Springer(1998).
26) T. A. Herring, *Scientific American*, Feb. 1996, 32(1996).

27) A. Wood, "Acoustics", Blackie & Son (1940).
28) K. D. Froome, *Proc. Roy. Soc.*, **A247**, 109 (1958).
29) Z. Bay, G. G. Luther, J. A. White, *Phys. Rev. Letters*, **29**, 189 (1972).
30) K. M. Evenson, J. S. Wells, F. R. Petersen, B. L. Danielson, G. W. Day, *Appl. Phys. Letters*, **22**, 192 (1973).
31) M. B. Dobrin, C. H. Savit, "Introduction to Geophysical Prospecting", 4 th ed., McGraw-Hill (1988).
32) L. Rayleigh, W. Ramsay, *Phil. Trans. Roy. Soc.*, **186**, 187 (1895).
33) R. T. Birge, D. H. Menzel, *Phys. Rev.*, **37**, 1669 (1931).
34) H. C. Urey, F. G. Brickwedde, G. M. Murphy, *Phys. Rev.*, **39**, 864 (1932).
35) S. G. Lipson, H. Lipson, D. S. Tannhauser, "Optical Physics", 3 rd ed., Cambridge University Press (1995).
36) K. M. Baird, *Physics Today*, **36**, 52 (1983).
37) Th. Udem, J. Reichert, R. Holzwarth, T. W. Hänsch, *Optics Letters*, **24**, 881 (1999).
38) B. E. Schaefer, *Phys. Rev. Letters*, **82**, 4964 (1999).
39) G. W. C. Kaye, T. H. Laby, "Tables of Physical and Chemical Constants", 16 th ed., Longman (1995).
40) O. Reynolds, *Phil. Trans. Roy. Soc.*, **174**, 935 (1883).
41) J. J. Thomson, *Phil. Mag.*, Ser. 5, **44**, 293 (1897).
42) C. E. Weatherburn, "A First Course in Mathematical Statistics", 2 nd ed., Cambridge University Press (1961).
43) A. Stuart, J. K. Ord, "Kendall's Advanced Theory of Statistics, Vol. 1, Distribution Theory", 6 th ed., Edward Arnold (1994).
44) K. Pearson, *Phil. Mag.*, Ser. 5, **50**, 157 (1900).
45) R. J. Bell, Ed., "The International System of Units, National Physical Laboratory", HMSO (1993).
46) W. J. Duffin, "Electricity and Magnetism", 4 th ed., McGraw-Hill (1990).
47) G. L. Squires, *J. Chem. Soc.,Dalton Trans.*, 3893 (1998).
48) B. H. Bransden, C. J. Joachain, "Physics of Atoms and Molecules", Longman (1983).
49) E. R. Cohen, J. W. M. DuMond, *Rev. Mod. Phys.*, **37**, 537 (1965).
50) A. H. Cook, *Contemporary Physics*, **16**, 395 (1975).
51) H. W. Fowler, "Modern English Usage", 2 nd ed., Oxford University Press (1965).
52) S. Gasiorowicz, "Quantum Physics", 2 nd ed., Wiley (1996).
53) L. Rayleigh, *Proc. Roy. Soc.*, **59**, 198 (1896).
54) C. J. Smith, "General Properties of Matter", 2 nd ed., Arnold (1960).
55) L. J. van der Pauw, *Philips Res. Rep.*, **13**, 1 (1958).
56) B. G. Yerozolimsky, *Contemporary Physics*, **35**, 191 (1994).

訳者あとがき

　本書は，G. L. Squires 教授による「Practical Physics」第 4 版の全訳である．研究者・技術者を志す初学者に，実験に対する心構えを伝えることを目的として書かれており，「実験をする」ということが，その本質から英語論文として結果の発信に至るまで，非常に周到に細やかに準備され，まとめられている．もちろん，理論的な研究を進める場合も，「実験がいかに成されているかを知ること」は，データの信頼性を理解し，自らの理論の正しさを確認するうえで必要不可欠の課題であり，理論家にも多くの有益な指針を与えてくれるであろう．

　研究や技術開発に携わってきたわれわれにとっても，あらためて実験のあり方を教えられる本であるが，実際，幅広い科学の分野において，大学院生や，教師，研究者にとって非常に役立つ本として受け入れられ，これまでに，多くの言語に翻訳されて広く用いられてきた．

　訳者 4 人，それぞれ異なる立場で本書と出会う機会を得たが，こうした本は，ほかに見当たらず，ぜひとも学びやすい形で紹介すべきであろうということで意見が一致し，今回の出版への運びとなった．

　実験は，自然を理解する理学的な試み，より豊かな社会を築くための工学的な取組みの両面から行われ，得られた結果は，新たな実験や技術開発，また，理論的な考察の基礎として多くの目的に用いられる．したがって，「測定された結果は，どこまで正しいのか」をきちんと捉え伝えることは，何より大切なことである．第一部では，すべての基礎となる「誤差」を取り扱っている．

　次いで第二部では，こうした基礎をもとに，正しい実験を行う手法・技術について，有用な例を用いて解説がなされている．実験は，物理に限らず，幅広い分野にわたって行われるものであり，すべての内容を網羅することはできない．しかし，実験に際しての心構えを「共通の常識」として身に付けることは可能で，本書全体を通じて基本的な理念となっている．「人生は有限であり，

限られた時間の中で，いかに効率よく，精度の高い実験を組み立てるか」が，主題となる．

第三部では，「正しい結果を得るための心がけ」として，記録と計算の方法が紹介され，さらに，「得られた結果をいかに正しく伝えるか」として，論文の書き方がまとめられている．著者も述べているように，研究は決して自己満足のためにあってはならず，努力の末に得られた結果を正しくわかりやすく世に伝えることは，研究者・技術者の義務であり大切な役目といえる．

科学英語はいまや情報の発信に欠かせないものとなっているものの，多くの日本人研究者の苦手とするところである．本書最終章は英語を日頃使っている人達に向けて書かれたものではあるが，われわれ日本人にとっても，短いながらも，論文構成から投稿規定，そして「良い英語とは何か」にまで触れながら，丁寧かつ簡潔に重要な事柄が凝縮された形で盛り込まれており，初学者のみならず第一線で活躍する方々にも得るところが大きいのではないだろうか．

こうして内容を振り返ると，あらためて本書構成の巧みさ有用さを実感させられる．翻訳に際しては，わかり易く書きかえたり，内容を前後させた箇所があり，また，関連する話題をいくつかティータイムとして加えた．本書が「実験に対する理解を深める」うえで少しでも役立てば，訳者一同，大きな喜びである．

本書を出版するにあたり，丸善株式会社出版事業部の安平進氏，岡本和之氏，安井美樹子氏には多大なるご協力を頂きました．心より感謝の意を表します．

2005 年 12 月 24 日

重川秀実
山下理恵
吉村雅満
風間重雄

索　引

A-Z

Acknowledgements　*192*
Conclusion　*192*
DA変換器　*103*
Discussion　*188, 192*
doublet method　*245*
Experimental method　*188, 191*
GPS　*121*
Introduction　*188, 189*
Katerの振り子　*66*
MOSFET　*104*
natural unit　*172*
RC回路　*106*
References　*192*
Results　*188, 192*
rms（2乗平均平方根）　*116*
SI単位系　*231*
Stern-Gerlach磁石　*118*
Summary　*192*
TAI　*120*
UTC　*121*

あ　行

圧電効果　*117*
アブストラクト（要約）　*188*
アルコール水準器　*146*
$1/f$雑音　*88*
1変数の場合　*39*
インバー　*78*
インバーター　*105*
インピーダンス　*104*
引用文献　*192*
宇宙の年齢　*126*
うなり　*79, 144*
エネルギー等分配則　*87*
エラーバー　*167, 173*
演算増幅器　*101*
円筒レンズ　*97*
オシロスコープ　*163*
オストワルト装置　*140*
オペアンプ　*101, 103*
重み　*134*
重み付け　*50*
音速　*135*
温度制御　*85*

か　行

χ^2分布　*218*
回折効果　*138*
ガウス関数　*236*
ガウス積分関数値　*236*
ガウス分布　*27, 35*
　——における偏差　*206*
　——に関連した積分　*203*
可逆振り子　*109*
カセトメーター　*77*
カーボン抵抗　*89*
借入語　*200*
干渉縞　*96, 116*
干渉効果　*77*
慣性モーメント　*66*
規格化　*16*
帰還　*82*
帰還率　*82*
基準線　*96*

帰無仮説　218, 229
球面レンズ　97
共振曲線　149
共振点　149
強制振動　114
協定世界時　121
共鳴管　135
空気抵抗　112
偶然誤差　9, 13, 113
屈折率　43, 95, 99, 100
グリセリン　131
計算誤差　37
計算のチェック　48
計算ミス　178
系統誤差　9, 11, 13, 36, 66, 112, 113, 116, 129, 133
　　──の検討　60
形容詞句　196
ゲージブロック　75, 78
結果　188, 192
結論　192
検算　179, 180
　　自己──　180
　　非自己──　180
原子間力顕微鏡　93
原子時計　122, 125
減衰　137
減衰係数　67
減衰項　86
懸垂分詞　196
検波　81
考察　188, 192
公算誤差　31
較正　73
光路差　97, 100
光路長　97
国際原子時　120
黒体輻射　126

誤差　7, 21, 57
　　結果に影響しない──　59
　　結果に影響する──　59
　　最終的な──　60
　　相対──　144
　　％の──　63
　　──の合成　42
　　──の誤差　31
　　──の伝播　42
　　──の標準偏差　40
　　──の表示　173
誤差指示線　167, 173
個人誤差　147
固有周波数　114
コンピューター　177

さ　行

最終誤差　60, 65
　　各要素の誤差と──　58
最小2乗法　42, 44, 51, 52, 111, 207
　　──の計算例　46
最良直線　47, 211
雑音（ノイズ）　87
　　──の低減　106
サーボ　84, 93, 141
サーボシステム　84, 92, 115
サーミスター　90
三角測量　77
参考文献　192
残差　23, 25
参照電圧　108
潮の干満　116
視覚的補助　165
時間
　　──遅れ　86
　　──尺度　120
　　──の測定　122
　　──の定義　120

索　引　**261**

磁気回転比　*120*
磁気歪　*132*
σ　*18, 19*
　　——と σ_m の関係　*21*
　　——の計算　*25*
　　——の推定　*23*
σ_m　*19*
　　——の計算　*25*
　　——の推定　*23*
σ^2　*18*
次元　*182*
　　——による影響　*172*
視差　*72*
自然単位　*172*
実験方法　*188, 191*
謝辞　*192*
遮蔽　*113*
重心　*44, 211*
　　——の座標　*44*
終速度　*131*
従属変数　*167*
自由度　*223*
周波数
　　——依存性　*83*
　　——応答　*83*
　　——測定　*79*
　　——の測定　*80*
自由落下　*109*
重力加速度　*66, 109, 140*
　　——の絶対測定　*109*
出力抵抗　*84*
寿命　*55*
　　中性子の——　*227*
定規　*71, 185*
冗長な表現　*196*
ジョセフソン効果　*109, 120*
ジョセフソン素子　*109*
ショット雑音　*88*

序論　*188, 189*
ジョンソン雑音　*88*
シリコン　*46*
真空　*112*
人工衛星　*121*
真の値　*7, 10, 13, 18, 27*
信頼度
　　測定値の——　*18*
　　平均値の——　*19*
図　*158*
水銀温度計　*90*
水晶振動子　*117*
ストップウォッチ　*9, 11*
ストロボスコープ　*90, 245*
スニヤエフ-ゼルドビッチ効果　*126*
正規分布　*27*
精度　*8, 63, 77, 142*
　　——と応用　*100*
製本ノート　*155*
整流　*105*
積分関数　*29*
セシウム原子時計　*118*
セシウム時計　*120*
セシウム標準時計　*111*
接触抵抗　*130*
絶対測定　*109*
ゼロ点　*72*
ゼロ点誤差　*72, 75*
線形性　*83*
全地球測位システム　*121*
線膨張率　*67*
相関　*135*
相対誤差　*58, 144*
相対測定　*139*
増幅率　*81*
　　——の安定化　*82*
測定誤差　*13*

た 行

帯域(バンド幅)　83, 107, 116
対称性　129, 183
対数グラフ用紙　168
タイトル(表題)　187
多変数の場合　41
単位　170
　──の表記　170
単色光　98
断熱消磁　91
段落　195
中心極限定理　32
中性子　55
　──の寿命　227
長周期振動の孤立化　113
調和振動子　149
チョッパー　107
チョッピング　107
ツェナーダイオード　55, 108, 125
低容気体温度計　90
適合度検定　218, 225
デッドタイム　11
デバイ(Debye)温度　172
電圧発生器　102
電卓　178
電流発生器　103
透過率　137
投稿規定　193
同調検波　101
独立変数　167
ド・ブロイの式　67
ドリフト　101, 133
トルク　74
トンネル電流　92

な 行

ナビゲーション　124
二項分布　213
二重法　245
2進カウンター　101
入力抵抗　84
人称　195
熱雑音　88
熱電効果　101
熱電対　85, 90, 185
熱伝導　130
熱膨張　78
熱力学的温度　87
粘性　139
ノイズ　87
ノギス　76, 77

は 行

パイレックス　78
白色干渉縞　98
白金抵抗　90
パーセク　127
バックラッシュ　77
ハッブル定数　126
バネ重力計　140
バルマー系列　143
ハンダ付け　147
ハンチング　86
ピエゾ素子　93
光速度　143
ヒストグラム　15
表　160
標準誤差　19, 21, 31, 34, 36, 45, 50, 54, 57
　傾きの──　207
　切片の──　207
標準抵抗　83, 130
標準偏差　21, 27, 34
　分布の──　18
標本　23

──の標準偏差　23
フィッティング　167
フィードバック　82, 84, 93
負帰還　81
複写　157
副尺視力　96
復調　81
物理定数　184
物理定数表　235
物理量　9, 33, 39, 166
ブラウン運動　87
プリズム　61, 67, 149
フリッカー雑音　88
プログラム電卓　26, 45
プロトン磁気共鳴法　120
分散　18
分散効果　99
分詞構文　196, 197
分布
　ガウス──　33
　測定値の──　15
分布関数　16
平均値　13, 17, 27, 33, 34, 44, 50, 134
　測定値の──　33
　──と標準誤差　39
　──の誤差　21
　──の信頼度　19
　──の標準誤差　114
偏差　48
　一般的な値 x からの──　26
ポアソン分布　33, 213, 215, 229
ホイートストンブリッジ　130, 139, 141
方眼紙(均等目盛り)　168
放射温度計　90
放射能測定　228
補償方法　97
補正

　　受信器時計の──　123
ホール効果　101
本来語　199

ま　行

マイクロ波放射　109
マイクロメーター　74
マイケルソン干渉計　110
マイケルソン，モーリーの実験　143
摩擦　4
まとめ　192
丸め誤差　37
水の張力　160
ミリカン　12
明確性
　構造の──　194
　説明の──　194
目盛り　169, 174
毛細管　139
モル比熱　172

や行，ら行

ヤング率　67
有効数字　37
湯浴　85
容量　77
予備実験　145
落下容器法　112
離散的な測定値の場合　59
リップル　106
リトロリフレクター　110
理論曲線　166, 170, 174
ルースリーフ　155
零位法　141
レイリー屈折計　95, 100
レイリー反射装置　141
レーザートラップ　119
レーザー冷却　119

連成振り子　*159*
ロックインアンプ　*101, 104, 106*

ローパスフィルター　*103, 106*

訳者紹介

重川秀実（Hidemi Shigekawa） 工学博士
東京大学工学系研究科物理工学専攻博士課程中退
筑波大学数理物質科学研究科電子物理工学専攻・教授
（物理工学系）ナノ物性グループ
専門：プローブ顕微鏡を用いた極限計測と物性研究
主要著書：「極限実験技術・走査プローブ顕微鏡と極限計測」，朝倉書店(2003)

山下理恵（Rie Yamashita）
お茶の水女子大学文教育学部卒業
筑波大学数理物質科学研究科電子物理工学専攻
（物理工学系）ナノ物性グループ
専門：翻訳・英文校閲など

吉村雅満（Masamichi Yoshimura） 博士(工学)
東京大学工学系研究科物理工学専攻博士課程中退
豊田工業大学大学院工学研究科極限材料専攻・助教授
専門：表面物理・ナノ構造材料
主要著書：「実戦ナノテクノロジー 走査プローブ顕微鏡と局所分光」
（共編著），裳華房(2005)

風間重雄（Shigeo Kazama） 理学博士
国際基督教大学教養学部理学科物理学専攻卒業
東京都立大学大学院理学研究科物理学専攻博士課程中退
中央大学理工学部物理学科・教授
専門：固体物性

いかにして実験をおこなうか
―誤差の扱いから論文作成まで―

	平成 18 年 1 月 31 日　発　　行
	令和 5 年 12 月 10 日　第 11 刷発行

訳　者　　重川秀実　山下理恵
　　　　　吉村雅満　風間重雄

発行者　　池　田　和　博

発行所　　丸善出版株式会社
〒101-0051 東京都千代田区神田神保町二丁目17番
編集：電話(03)3512-3262／FAX(03)3512-3272
営業：電話(03)3512-3256／FAX(03)3512-3270
https://www.maruzen-publishing.co.jp

Ⓒ Hidemi Shigekawa, Rie Yamashita,
　Masamichi Yoshimura, Shigeo Kazama, 2006

組版印刷・中央印刷株式会社／製本・株式会社 松岳社

ISBN 978-4-621-07661-3 C3040　　　　Printed in Japan

本書の無断複写は著作権法上での例外を除き禁じられています.

単位換算表

圧力

	Pa	hPa	bar	torr	atm	kgf cm^{-2}	備考
1 Pa	1	10^{-2}	10^{-5}	7.5006×10^{-3}	9.8692×10^{-6}	1.0197×10^{-5}	$=1$ N m^{-2}
1 hPa	10^2	1	10^{-3}	7.5006×10^{-1}	9.8692×10^{-4}	1.0197×10^{-3}	
1 bar	10^5	10^3	1	750.06	0.98692	1.0197	$=10^6$ dyn cm^{-2}
1 torr	1.3332×10^2	1.3332	1.3332×10^{-3}	1	1.3158×10^{-3}	1.3595×10^{-3}	$=1$ mmHg
1 atm	1.0133×10^5	1.0133×10^3	1.0133	760	1	1.0332	
1 kgf cm^{-2}	9.8067×10^4	9.8067×10^2	0.98067	735.56	0.96784	1	

エネルギー

	J	eV	cm^{-1}	Hz	K	J mol^{-1}	kcal mol^{-1}
1 J	1	6.2415×10^{18}	5.0341×10^{22}	1.5092×10^{33}	7.2430×10^{22}	6.0221×10^{23}	1.4393×10^{20}
1 eV	1.6022×10^{-19}	1	8.0655×10^3	2.4180×10^{14}	1.1605×10^4	9.6485×10^4	2.3061×10^1
1 cm^{-1}	1.9864×10^{-23}	1.2398×10^{-4}	1	2.9979×10^{10}	1.4388	11.963	2.8591×10^{-3}
1 Hz	6.6261×10^{-34}	4.1357×10^{-15}	3.3356×10^{-11}	1	4.7992×10^{-11}	3.9903×10^{-10}	9.5371×10^{-14}
1 K	1.3807×10^{-23}	8.61737×10^{-5}	0.69504	2.0837×10^{-10}	1	8.3145	1.9872×10^{-3}
1 J mol^{-1}	1.6605×10^{-24}	1.0364×10^{-5}	8.3593×10^{-2}	2.5061×10^9	0.12027	1	2.3901×10^{-4}
1 kcal mol^{-1}	6.9477×10^{-21}	4.3364×10^{-2}	3.4976×10^2	1.0485×10^{13}	5.0322×10^2	4.184×10^3	1